农事指南系列丛书

鲜食玉米产业关键实用技术 100 问

袁建华　主编

中国农业出版社
北 京

图书在版编目（CIP）数据

鲜食玉米产业关键实用技术100问 / 袁建华主编. —北京：中国农业出版社，2021.7（2021.11重印）
（农事指南系列丛书）
ISBN 978-7-109-27897-4

Ⅰ.①鲜… Ⅱ.①袁… Ⅲ.①玉米—栽培技术—问题解答 Ⅳ.①S513-44

中国版本图书馆CIP数据核字（2021）第022288号

中国农业出版社出版
地址：北京市朝阳区麦子店街18号楼
邮编：100125
策划编辑：张丽四
责任编辑：程 燕
责任校对：沙凯霖
印刷：北京缤索印刷有限公司
版次：2021年7月第1版
印次：2021年11月北京第2次印刷
发行：新华书店北京发行所
开本：700mm×1000mm 1/16
印张：6.75
字数：170千字
定价：50.00元

农事指南系列丛书编委会

总 主 编：易中懿

副总主编：孙洪武　沈建新

编　　委（按姓氏笔画排序）：

吕晓兰　朱科峰　仲跻峰　刘志凌

李　强　李爱宏　李寅秋　杨　杰

吴爱民　陈　新　周林杰　赵统敏

俞明亮　顾　军　焦庆清　樊　磊

本 书 编 委 会

主　　编：袁建华　江苏省农业科学院　研究员
副 主 编：孔令杰　江苏省农业科学院　副研究员
　　　　　崔亚坤　江苏省农业科学院　助理研究员
　　　　　陈艳萍　江苏省农业科学院　研究员
参编人员（按姓名音序排列）：
　　　　　蔡孝洲　泗洪县农业技术推广中心　高级农艺师
　　　　　陈　静　江苏省农业科学院　副研究员
　　　　　程玉兰　丰县农业技术推广中心　高级农艺师
　　　　　高学健　扬州大学
　　　　　惠　琳　睢宁县农业技术推广中心　高级农艺师
　　　　　刘瑞响　江苏省农业科学院　副研究员
　　　　　陆大雷　扬州大学　教授
　　　　　栾春荣　泰兴市农业科学研究所　研究员
　　　　　孟庆长　江苏省农业科学院　研究员
　　　　　钱海燕　丰县农业技术推广中心　高级农艺师
　　　　　邵　青　赣榆区农业技术推广中心　高级农艺师
　　　　　苏彩霞　江苏省泰州市旱地作物研究所　高级农艺师
　　　　　王全领　丰县农业技术推广中心　推广研究员

王　森　江苏省农业科学院　助理研究员

王文彬　盐城市粮油作物技术指导站　农艺师

王新华　大丰区种子管理站　推广研究员

王银元　海门区作物栽培技术指导站　高级农艺师

薛　林　江苏沿江地区农业科学研究所　研究员

张　芳　江苏省植物保护检疫站　推广研究员

张美景　江苏省农业科学院　助理研究员

赵文明　江苏省农业科学院　副研究员

郑　飞　江苏省农业科学院　助理研究员

丛书序

习近平总书记在2020年中央农村工作会议上指出，全党务必充分认识新发展阶段做好"三农"工作的重要性和紧迫性，坚持把解决好"三农"问题作为全党工作重中之重，举全党全社会之力推动乡村振兴，促进农业高质高效、乡村宜居宜业、农民富裕富足。

"十四五"时期，是江苏认真贯彻落实习近平总书记视察江苏时"争当表率、争做示范、走在前列"的重要讲话指示精神、推动"强富美高"新江苏再出发的重要时期，也是全面实施乡村振兴战略、夯实农业农村现代化基础的关键阶段。农业现代化的关键在于农业科技现代化。江苏拥有丰富的农业科技资源，农业科技进步贡献率一直位居全国前列。江苏要在全国率先基本实现农业农村现代化，必须进一步发挥农业科技的支撑作用，加速将科技资源优势转化为产业发展优势。

江苏省农业科学院一直以来坚持把推进科技兴农为己任，始终坚持一手抓农业科技创新，一手抓农业科技服务，在农业科技战线上，开拓创新，担当作为，助力农业农村现代化建设。面对新时期新要求，江苏省农业科学院组织从事产业技术创新与服务的专家，梳理研究编写了农事指南系列丛书。这套丛书针对水稻、小麦、辣椒、生猪、草莓等江苏优势特色产业的实用技术进行梳理研究，每个产业提炼出100个技术问题，采用图文并茂和场景呈现的方式"一问一答"，让读者一看就懂、一学就会。

丛书的编写较好地处理了继承与发展、知识与技术、自创与引用、知识传播与科学普及的关系。丛书结构完整、内容丰富，理论知识与生产实践紧密结合，是一套具有科学性、实践性、趣味性和指导性的科普著作，相信会为江苏农业高质量发展和农业生产者科学素养提高、知识技能掌握提供很大帮助，为创新驱动发展战略实施和农业科技自立自强做出特殊贡献。

农业兴则基础牢，农村稳则天下安，农民富则国家盛。这套丛书的出版，标志着江苏省农业科学院初步走出了一条科技创新和科学普及相互促进、共同提高的科技事业发展新路子，必将为推动乡村振兴实施、促进农业高质高效发展发挥重要作用。

2020 年 12 月 25 日

序

玉米在江苏省是仅次于水稻、小麦的第三大作物，常年种植面积保持在800万亩*左右，其中普通玉米700多万亩，鲜食玉米100万亩，玉米籽粒总产275万吨。重视玉米生产尤其是提高玉米单位面积产量水平对江苏省粮食总量平衡、畜牧业和加工业以及种植业结构调整等具有重要作用。

几十年来，江苏省重视种质资源的引进、创新与利用，紧密结合生产实际，以市场为导向加快玉米新品种的选育，积极探索开展适合本地区玉米生产的新模式和新技术研究，并取得了突出的成绩，为玉米产业高质量发展提供了强有力的技术支撑。随着农村劳动力不断减少，人工成本提高，全程机械化已经成为玉米产业的发展趋势。

该书可为江苏省鲜食玉米增产增效、培养新型农业技术人才、普及玉米生产科技知识提供帮助，也可为普通玉米的生产提供参考，是深入贯彻落实党中央、国务院实施乡村振兴战略决策部署和国家以及江苏省《乡村振兴战略规划（2018—2022年）》的有力抓手。该书充分发挥了江苏省农业科学院系统内农业领域专家资源、中国农业出版社在农业科技图书专业出版领域的渠道优势，紧扣江苏省鲜食玉米生产技术需求，以乡村振兴和农技推广的实际需求为导向，以生产中存在的关键性技术问题为切入点，按照鲜食玉米全生育期的关键管理环节分类，是一套"看得懂、用得上、喜欢看"的高质量系列图书，江苏省农业科学院组织编写农事指南系列丛书，旨在为江苏省、长三角乃至全国全面建成小康社会、深入实施乡村振兴战略助力，为江苏省农业科学院90周年

---

* 亩为非法定计量单位，1亩 ≈ 667 米^2。——编者注

院庆献礼。

　　该书收集、整理了影响鲜食玉米生产的主要技术问题和最新科研成果，从玉米概况、品种和种子、耕作与栽培管理、生长异常诊断、病虫草害防治、农业机械化、采收与加工等方面进行介绍，内容深入浅出、通俗易懂、图文并茂、实用可操作，可供各级农业管理部门和广大基层农技推广人员、种植大户及从事农业相关人员参考。

张志业

2020 年 10 月

前　言

　　鲜食玉米是江苏省优势特色作物，其青嫩果穗鲜食口感柔软、香味浓郁、营养丰富，符合当今大众消费者的"粗粮细吃、营养均衡"等健康膳食理念，消费市场潜力巨大。鲜食玉米生长期较短、栽培相对简便，以其为主的多元多熟间套种模式经济效益明显。江苏省是鲜食玉米主产区，年种植面积超过100万亩，产品主要供应江浙沪的大中城市，具有较强的市场竞争力。

　　江苏省农业科学院组织编写农事指南系列丛书。按照丛书编写要求，组织编写系列丛书之《鲜食玉米产业关键实用技术100问》，旨在指导鲜食玉米种植和加工者选用优良品种、科学种植和提升玉米品质，解决在玉米种植和加工过程中的问题。

　　本书共分为7章。

　　第一章为玉米概况，系统地概括了鲜食玉米的起源，江苏省玉米类型和产业分布。

　　第二章为品种和种子，介绍了玉米品种的类型、特点，如何选择良种，并科普了部分与转基因相关的内容，可为农户和新型经营主体在良种选择上提供支持。

　　第三章为耕作与栽培管理，第四章为生长异常诊断，第五章为病虫草害防治，这3章是为了让生产者了解江苏省鲜食玉米高效种植模式，绿色高效轻简栽培种植技术，田间管理要点等内容；玉米生长过程中"白化苗""分蘖多""空杆""满天星"等生长异常情况，病虫草害管理要点。此部分内容为鲜食玉米的高效绿色生产提供了支撑。

第六章为农业机械化，介绍了在鲜食玉米生长过程中的机械播种和机械植保内容，农机的推广使用可以实现鲜食玉米的节本增效。

第七章为采收与加工，介绍了鲜食玉米最佳的采收时间，甜玉米、糯玉米的保鲜储藏时间。

在本书编写过程中，得到国家玉米产业技术体系和江苏省特粮特经产业技术体系等同行专家的支持。由于篇幅所限，未能列出所有文献出处。在此向所有给予支持和帮助的专家、单位、作者、出版者一并表示衷心感谢。限于作者知识和经验，书中难免有不妥和疏漏之处，恳请同行与读者批评指正。

黄建华

2020 年 10 月

目　录

第一章
玉米概况

① 关于玉米的起源有哪些说法？

玉米是由人类长期驯化而来，但关于玉米的祖先却一直存在分歧，目前主要有5种理论假说：①1829年Saint-Hilaire提出的"有稃玉米"理论。②1906年Montgomery提出的玉米与大刍草以及1918年Weatherwax提出的玉米与大刍草、摩擦禾"共同祖先"理论。③1939年Reeves和Mangelsdorf提出的"三成分"理论。④1979年Mangelsdorf提出的野生玉米与多年生大刍草杂种理论。⑤1985年Ascherson和1986年Harshberger提出的"大刍草"理论。目前，主要认为玉米起源于野生玉米或大刍草。玉米的起源地在美洲，但起源中心有待考证。

玉米传入我国的路径有以下三种说法。一是西班牙传到麦加，再由麦加经中亚引种到我国西北地区；二是先从欧洲传到印度、缅甸等地，再到我国西南地区的云南、贵州、四川等地，此后传播到陕西、甘肃、山西等地，再向东传播到广西、湖南、湖北、浙江等地；三是从欧洲传播到菲律宾，再经海路传到我国东南沿海各省。从资料分析来看，玉米从西南陆路传入中国的可能性较大。

玉米在16世纪左右传入我国。到明代后期，11个省份已有种植玉米的记载。到清代的乾隆、嘉庆年间，玉米已在全国广泛种植。嘉庆十七年，玉米的种植面积达47.3万公顷。清道光年间，玉米已发展成与五谷并列，跃升为"六谷"的地位，成为主要的粮食作物。

② 什么是鲜食玉米?

鲜食玉米是指在乳熟期采摘果穗用于蒸煮食用的玉米,主要包括甜玉米、糯玉米、甜糯玉米及笋玉米,从籽粒颜色上分为黑色、紫色、黄色、白色等。它们和普通玉米虽同为一属,但属于不同的亚种,鲜食的甜玉米、糯玉米风味独特,营养丰富,其籽粒中糖分、蛋白质、赖氨酸及其他多种氨基酸、脂肪等含量均高于普通玉米,且鲜食玉米含有多种维生素和矿物质元素,适口性好,易于消化,是人们餐桌上的一道新型佳肴。

糯玉米又称黏玉米或蜡质型玉米,是 wx 基因控制的隐性纯合体,wx 基因的突变导致束缚态淀粉合成酶的含量和活性降低,不能合成直链淀粉,籽粒胚乳中几乎全部为支链淀粉,因此表现为糯质。糯玉米起源于中国,所以我国大部分地区都能种植糯玉米,其主产区分布在黑龙江、吉林、河北、山西、江苏、安徽、贵州、湖北、四川、云南、海南等地。近年来,全国糯玉米种植面积达1350万亩(含200万亩籽粒玉米),种植面积和产量均居世界第一位,其中60%的糯玉米以鲜穗直接上市,其余的40%以加工成速冻或真空包装的产品上市。

甜玉米起源于美洲大陆,是由普通玉米发生基因突变后,再选育而成的一类玉米的总称。该基因为隐性基因,已发现的甜玉米相关基因有 $su1$、$su2$、$sh1$、$sh2$、$bt1$、$bt2$ 以及加强基因 se 等。美国是甜玉米生产面积和加工量最大的国家;法国是欧洲甜玉米的重要生产区和加工区;泰国是亚洲甜玉米的主要生产国和供应国;日本、德国、英国等是甜玉米主要的进口国。我国的甜玉米生产和加工起步晚,但发展快,种植面积和加工产品的消费以我国南方为主,南方的种植面积占甜玉米种植面积的84%,北方占16%。广东是我国甜玉米产量最大的省份,种植面积约占全国的50%。

甜糯型玉米是一种具有较高甜度同时还具备糯性口感的特殊玉米,是中国自主创新的鲜食玉米新类型。该类型的玉米主要是受一个或多个隐性基因共同控制的胚乳突变体,国内育成的甜糯型玉米品种主要是利用超甜糯($sh2wx$)基因双隐性或普甜糯($su1wx$)基因双隐性玉米种质。育种专家选用具有甜质基因与糯质基因的种质,通过基因重组与互作进行培育甜糯型玉米,把糯玉米的糯性与甜玉米的甜度结合起来,糯和甜两种类型籽粒在同一果穗上一起表达，口感表现既糯又甜，同时满足消费者对玉米糯性和甜度的需求。甜糯型玉米在国家和省级鲜食玉米区试分组中仍划分为糯玉米组，属于特殊的糯玉米类型（图1-1）。

图 1-1　不同类型的鲜食玉米

（左图：糯玉米；中图：甜糯型玉米；右图：甜玉米）

③ 为什么说糯玉米起源于中国？

在云南、广西一带的傣族、哈尼族有喜爱黏食的习俗，普通玉米传入我国后，在长期的栽培实践中，偏好选择黏食型玉米突变体，经过长期的筛选过程，糯质基因的突变被筛选并保存下来，形成了一种特殊类型的玉米，就是现在的糯玉米（图1-2）。

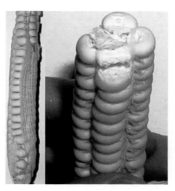

图 1-2　糯玉米"四路糯"种质

1908 年美国传教士法南（J.M.W.Farnharm）通过上海领事从云南征集了几个糯玉米品种，寄给美国农业部国外引种处，并介绍说"这是一种特殊的玉米，比其他玉米要黏得多，可能会发现它的新用途"。

之后，植物学家柯林斯（G.N.Collins）对这种玉米进行了深入研究，发现了其独特的性状，将之定名为"中国糯玉米"，并传播到了世界各地。

④ 江苏省玉米类型和产业分布是怎样的？

根据玉米籽粒的类型和用途，可将玉米分为特用玉米和普通玉米两大类。特用玉米是指具有较高的经济价值、营养价值或加工利用价值的玉米，也有着各自特殊的用途和加工要求。特用玉米一般指高赖氨酸玉米、糯玉米、甜玉米、甜糯玉米、爆裂玉米、高油玉米、高淀粉玉米、高直链淀粉玉米、笋玉米等。除特用玉米以外的玉米类型即为普通玉米，根据收获方式的不同又分为粒用玉米和青贮玉米。

江苏省种植的玉米主要为粒用玉米、青贮玉米、糯玉米、甜玉米、甜糯玉米。江苏省玉米主产区分布在苏北和东部沿海地区，根据播种时间分为春、夏播玉米。青贮玉米是根据养殖业的产业需求布局，在盐城、宿迁、连云港、南通等地通过种植粮饲兼用型的玉米品种而满足产业需要。糯玉米、甜糯玉米、甜玉米等鲜食玉米种植区域由南通、苏州、常州等向徐州、连云港等地扩展，在加工、流通企业及经纪人的带动下，形成了具有地方特色的鲜食玉米产业集中区。

⑤ 玉米生长对温度、光照、水分有什么要求？

温度是玉米生长发育的主要环境因素之一，与玉米生长快慢、生育期长短关系密切。玉米原产于美洲，长期在较高温度下繁衍，形成了喜温特性。其正常的发育过程都有一个最适温度、最低温度和最高温度的界限，称为"三基点温度"。玉米在最适温度下生长发育迅速而良好；如果超过最低温度或最高温度，就会发育迟滞或停止，直到死亡。"三基点温度"中的上、下限温度是指超过此界限的温度后，生长发育停止或是微弱，而不是致害温度。玉米全生育期的最低温度为6～10℃，最适温度为28～31℃，最高温度为40～42℃，不同生育时期对温度的要求不同（表1-1）。在土壤、水、光照条件适宜的情况下，玉米种子在6～7℃就能萌发，10℃能正常发芽，在28～35℃发芽最快，种子发芽越快，在土壤中的时间越短，遭遇渍害、虫害、病害的风险就越低。开花期是玉米一生中对温度要求最高、反应最敏感的时期，这时的最适温度为25～27℃，温度高于32～35℃时，大气相对湿度低于30%，花粉粒会因失水而失活，花丝易枯萎，难于授粉、受精。如果开花期遭遇持续高温，应避免田间干旱，适当灌水有利于提高玉米的抗高温能力。花粒期适宜的日平均温度为20～24℃，如果温度过低，光合作用会受限；如果温度低于16℃或高于25℃，淀粉酶活性会受限，养分的合成、转移会变慢，光合产物的积累减少，玉米产量会受损。

表1-1 玉米不同生育时期的三基点温度（℃）

生育时期	下限	适宜	上限
苗期	8～10	25～30	35～40
拔节至抽雄	10～12	26～31	35～42
抽雄至开花	19～21	25～27	29～37
灌浆至成熟	15～17	22～24	28～30
全生育期	6～10	28～31	40～42

资料来源：山东省农业科学院，2004

光照因素包括光周期、光照强度、光质、日照时数等，对玉米的生长发育有很大作用。玉米属短日照作物，在短日照条件下，可加速玉米的发育；在长日照条件下，玉米发育变缓。一般每天在8～9小时的光照条件下，发育提前，生育期缩短；在长日照（18小时以上）条件下，发育滞后，成熟略有推迟。每天光照时数由10小时增加到15小时，穗分化推迟2～5天，营养生长阶段延长，叶数增加2片左右。早熟品种对光周期反应较弱，晚熟品种反应较强。

光照强度直接影响玉米的光合作用强度，光照强度低于补偿点则光合作用合成的有机养分少于呼吸消耗量，相当于"入不敷出"，植株生长会停滞甚至死亡。玉米的需光量较大，其光饱和点为10万勒克斯以上，光补偿点为300～1800勒克斯。

水分是种子萌发的首要条件。种子在萌发之前必须吸足一定量的水分，才有可能使种子中一部分贮藏物质变为溶胶，同时使酶活化或合成，从而起催化作用。影响种子吸水的外界因素主要是温度，温度增高时，种子不仅吸水快，而且吸水总量也会增大。在适宜温度下，当土壤相对含水量低于9%时，玉米不能正常出苗；当土壤相对含水量在11%～16%时，玉米能够出苗，但出苗期至少推迟3天，生长速度缓慢，植株弱小，且叶片衰老速度快；当土壤相对含水量在19%～22%时，出苗率达到80%，提前3～4天出苗，且幼苗健壮；当土壤相对含水量超过22%时，随着含水量的增加，玉米的出苗率逐渐降低。

 玉米生育期有哪几个主要发育阶段？

在玉米生产上，从播种到鲜食玉米果穗所经历的天数称为全生育期。玉米在生长发育过程中，由于根、茎、叶、穗、粒等器官的出现，植株的外部形态也随之发生变化。玉米的生育时期是指某种新器官的出现，是使植株形态发生特征性变化的时期。在玉米的发育过程中，根、茎、叶等营养器官的生长与穗、粒等生殖器官的分化发育会发生质变，表现明显的主次关系。受有效积温影响，玉米在发育过程中的生育期天数略有不同，生长在较高温度条件下，生育期会适当缩短；而在较低温度条件下，生育期会适当延长。不同种植区生态条件差异较大，玉米生育期变化也相对较大，鲜食玉米在果穗乳熟期采收，生育期较短，一般在75～90天。

按照形态特征和生长特性，一般可将玉米的生育期划分为苗期、穗期和花粒期3个阶段。玉米各时期的发育特点和养分需求规律决定了相应的管理措施。

苗期是从播种至拔节经历的阶段，包括种子发芽、出苗及幼苗生长等过程，是以根、茎、叶分化为主的营养生长阶段。

穗期是从拔节至雄穗开花的阶段，在该阶段，营养器官生长与生殖器官分化发育同步进行，玉米根、茎、叶等营养器官旺盛生长并基本建成，同时完成雄穗和雌穗的分化发育过程。

花粒期是从雄穗开花至鲜穗采收经历的阶段。在该阶段，玉米进入以开花、吐丝、受精结实为中心的生殖生长阶段，籽粒灌浆、充实、成熟是该阶段生长和营养物质积累的中心（图1-3）。

图1-3 玉米主要生育阶段

（左图：苗期；中图：穗期；右图：花粒期）

7 玉米植株由哪些器官组成?

玉米植株由根、茎、叶、花、穗、籽粒等器官组成，其中根、茎、叶是营养器官；花、穗、籽粒是生殖器官（图1-4）。

图1-4 玉米植株的不同器官

（左上：玉米叶片与主茎分离图片；右上：开花期玉米全株；左下：雌穗；右下：不同类型玉米籽粒）

8 玉米的种子由哪几部分组成？

玉米的种子在植物学上称为颖果，是玉米的果实，玉米籽粒成熟晒干后依其形态和结构，可分为硬粒型、马齿型、半马齿型等；鲜食玉米在采收时，水分含量高，籽粒饱满，未进行粒型分类。玉米种子由种皮、胚和胚乳三部分组成。

种皮主要是保护胚和胚乳免受不良环境影响，尤其在免受真菌侵害方面起重要作用。胚是下代的幼小生命体，由胚根、胚芽、胚轴和子叶组成，也是玉米种子最重要的部分。胚乳含有丰富的碳水化合物、蛋白质、脂肪和无机盐等，是种子萌发出苗的营养仓库，胚乳又分为角质胚乳和粉质胚乳两种。在糯玉米籽粒的胚乳中，支链淀粉（干基）占总淀粉比率≥97.0%；甜玉米的基因控制着还原糖向淀粉的转化，淀粉积累过程同普通玉米一样呈"S"形曲线，但淀粉积累量远低于普通玉米，所以胚乳中含有更多的可溶性糖。甜玉米胚乳淀粉体发育滞后且体积小，充实度低，胚乳淀粉体发育差，籽粒成熟后因失水而严重皱缩干瘪。

9 玉米根系属什么类型根系？

玉米根系具有吸收养分和水分、固定支持以及合成多种活性物质的功能。玉米根系属须根系，具有分支旺盛、根多、根粗以及生根有序、环状着生等特点。根据生长位置分为胚根和节根。胚根又称初生根、种子根，是在种子胚胎发育时，由胚柄分化发育而成的。节根由茎基部节间的根带（节间分生组织基部）长出，因从茎节部产生，故称节根（图1-5）。

图 1-5　玉米根系

（左图：冲洗后根系；右图：田间根系长势）

玉米花蕊有什么特点？

　　玉米是雌雄同株异花作物，植株顶部为雄花序，植株中部着生雌花序，一般靠风力和重力将雄花的花粉传播到雌穗的花丝上完成授粉，由于同株异花、花丝开放的特性，玉米天然杂交率在95%左右（图1-6）。

图1-6　玉米花蕊

（左图：雄花序；右图：雌花序）

第二章

品种和种子

11 为什么要选择审定品种？

玉米种子是特殊的商品，是玉米生产的重要载体，其在生产中占有十分重要的地位，玉米种子的质量与收成有直接的关系。玉米作为我国第一大粮食作物，是粮食安全的重要保障。我国对玉米品种的推广应用有严格的审定准入制度。

玉米品种对不同的环境条件的适应性各不相同，根据各地的气候特点和玉米的适宜性，大致将玉米的适宜区域进行划分。江苏省分为淮南玉米区和淮北玉米区，淮南玉米区又分为春播玉米和夏播玉米；全国分为东北、黄淮、西北、东南和西南玉米区。玉米品种在推广应用前，要参加品种审定前的丰产性、稳产性、适应性、抗逆性等特征特性小区鉴定试验（含品比试验和区域试验）和大区验证试验。同时，对品种的品质、DNA 指纹、转基因成分、抗病性等性状进行检测。育种单位根据品种特性选择最适生态区参加试验，抗逆性鉴定由省农作物品种审定委员会指定的鉴定机构承担，DUS 测试、品质检测、DNA 指纹检测、转基因检测由具有资质的检测机构承担。省级品种审定试验要经历 3 ～ 4 年，每年 10 个点次以上的田间鉴定，充分评估玉米新组合的优缺点，综合评价新组合推广应用的价值和风险，达到审定标准的才允许推广。

虽然品种审定制度设置多年多点试验，但是仍然无法覆盖所有气候、环境和种植模式，在选择新品种时，不可盲目求新，先小规模试种，再逐步扩大规模。

能否使用跨区品种？

　　玉米品种审定制度分为国审和省审。各级品种审定制度允许品种审定推广都是基于设置在相应生态区的鉴定试验数据进行判断的，由于省级审定品种的前期鉴定条件局限于本省内相应的生态区，不能代表其他省份的表现。种植户选择跨区域推广的品种，即使提前一年试种，也只能代表一个生态条件下的表现，仍具有局限性，需要谨慎。种子企业如果将同一生态区临近省份的品种引入本省种植，仍需做引种试验，进一步评价品种的适应性。

　　如需要跨区使用品种，应降低引种过程中的风险，避免远距离引种和跨生态区引种，同时充分考虑所引的品种对光周期的敏感性。

13 玉米杂交种有哪些类型？

　　（1）**品种间杂交种**。是利用两个自然授粉的品种相杂交，所产生的后代叫品种间杂交种。品种间杂交种一般较农家品种增产10%～20%。具有取材方便、育种时间短、制种简便等特点。

　　（2）**品种与自交系杂交种，又称顶交种**。是用当地最优良的品种与一个自交系杂交而成。顶交种一般较农家品种增产15%左右，具有选育简单、制种简便等特点。

　　（3）**自交系间杂交种**。自交系间杂交种由于组合形式不同，又可分为以下几种。

　　①**单交种**。用两个不同的自交系杂交而成。单交种一般较当地农家品种增产20%～30%。单交种植株整齐，生长健壮，增产潜力大，但制种产量较低，成本较高。市场上销售的玉米种子大多为玉米单交种。

　　②**三交种**。用三个不同的自交系，经两次杂交而成。三交种整齐度一般不如单交种，制种技术比单交种复杂，但制种产量高。

　　③**双交种**。又叫双杂交种。是由四个自交系先配成两个单交种，再以两个

单交种杂交而成。双交种整齐度不及单交种，制种较复杂，但制种产量高，种子成本低。

④综合杂交种。是在隔离条件下，用若干个优良自交系或自交系间杂交种，任其授粉，相互杂交而成。综合杂交种的杂种优势稳定，配种一次，可在生产上连续应用多年，不必年年制种，但要注意每年选优留种。

14 种二代种子为什么会减产？

在市场上供应的玉米种子主要为杂交种（又称为单交种）。所谓杂交种是利用杂种优势理论，选择两个优良亲本自交系组配而成，杂交种只在第一代表现生长整齐健壮、抗性强、增产显著的杂种优势。杂交种第一代种子种植后收获的玉米籽粒作为商品粮销售，有种植户将该商品粮的籽粒留作种子，即为二代种子。由于二代种子的形成过程中发生了自交分离衰退现象，在收获的种子中，其基因位点既有杂合态的种子，又有纯合态的种子，杂合态的种子基因型也不一样。如将该种子用于生产，玉米将表现为植株高矮不齐、果穗大小不一致、成熟早晚也不一致，其生长势、生活力、抗逆性和产量等都会显著下降，杂种优势显著减弱，造成种植二代种子减产。

15 玉米种子质量标准是什么？

为保障玉米生产安全，国家对玉米种子质量有严格的标准，其对鲜食玉米种子质量的要求和饲用玉米种子质量的要求是一致的，要符合谷物种子质量标准（GB 4404.1—2008）。该标准对种子分为常规种、自交系、单交种、双交种和三交种5种类型进行详细的质量控制（表2-1），鲜食玉米大田用种一般为单交种，种子的纯度不低于96%，净度不低于99%，发芽率不低于85%，含水量不高于13%，随着机械化精量播种的推广应用，对种子的出芽率提出更高要求，发芽率必须95%以上。

表 2-1　玉米种子质量标准（%）

种子类别		纯度不低于	净度不低于	发芽率不低于	含水量不高于
常规种	原种	99.9	99.0	85	13.0
	大田用种	97.0			
自交系	原种	99.9	99.0	80	13.0
	大田用种	99.0			
单交种	大田用种	96.0	99.0	85	13.0
双交种	大田用种	95.0			
三交种	大田用种	95.0			

16　如何选择品种？

种植鲜食玉米要做一位有心人，要经常关注市场对玉米品种的需求，总结比较自己和其他农户种植品种的表现，好为来年的品种选购提供参考。只购买经过试验、示范和通过审定的品种。咨询专业技术人员意见，根据当地的气候、地力、地势及产品的销售加工形式等选择合适的品种。

（1）当以鲜穗直接上市为目的时，首先要考虑口感好、熟期较早；其次看果穗大小、色泽和抗性等。鲜穗要求籽粒皮薄渣少，口感黏香，口味纯正；外形美观，苞叶完整，果穗均匀一致，大小适中，籽粒排列整齐紧密，行间无缝隙，顶部结实饱满无秃尖；早熟可促进青果穗提前上市，提高售价，并可增加年内种植次数；生产时做到早、中、晚熟不同熟期品种搭配，实现青果穗的周年供应。

（2）当以加工速冻、真空保鲜产品为目的时，要求选择品质好，果穗大，耐贮运，适于长时间冷藏的品种；果穗大小与加工有关，依加工的产品不同而有所差别。整穗形状为圆筒形、轴细、粒深且整齐一致。籽粒颜色好且容易保色，经高温杀菌后，不发生变化或不易褪色。

（3）当以加工籽粒产品为目的时，主要选品质优、穗轴细、籽粒大、籽粒深的品种。

如何购买鲜食玉米种子？

（1）选购正规大公司生产的种子，种子质量更有保障。在选购玉米种子时，一定要查看种子外包装和种子质量。检查是否为原包装，是否有内标签，标签内容是否明确、完全等。种子应装在透气良好的包装袋里，不要装在密闭塑料膜的包装袋中，要保证种子的正常呼吸和良好的发芽率。

（2）选择拥有种子经营许可证和营业执照，且信誉好的种子店，综合评估种子店在常年推广品种的表现和经营口碑。

（3）购买玉米种子时，索要加盖公章的信誉卡和发票。一旦出现种子质量问题，发票和信誉卡就是索赔依据。

（4）国家对玉米杂交种种子质量有严格的标准，即纯度不低于96%、净度不低于98%、发芽率不低于85%、水分不高于13%，在种子外包装上也标注了种子的质量参数。购买前严格选择，购买后第一时间测定种子发芽率和发芽势，避免因种子质量问题影响生产。

 如何评价鲜食玉米品种的优劣势？

优良的鲜食玉米产品可以获得较高的收益，并具备以下主要特点：食味品质优、商品品质好、营养品质高、产量高、抗性好。

食味品质是指品尝鲜食玉米口感的好坏，是决定品种优劣、经济价值高低的重要指标。其影响因子有很多，主要是籽粒果皮厚度、糯性、柔嫩性和香味等。优良鲜食玉米应皮薄、渣少或无渣，黏软细腻，有适度的甜味和清香。

商品品质是指鲜食玉米果穗、籽粒销售时的直观外形印象，是糯玉米品质评价中的重要指标。外观品质是消费者对果穗的第一印象，当食味品质相近时，外观决定价格和等级标准。外观品质的评价主要有果穗整齐度，苞叶完整性，不露尖，无秃顶；穗轴较细，籽粒饱满，排列整齐、紧密，色泽鲜亮。

营养品质是指鲜食玉米籽粒中所含营养成分的多少及其对人体的营养价值。营养成分主要包括氨基酸、蛋白质、淀粉、脂肪、维生素等成分，这些成分含量的高低被认为是营养品质优劣的评价尺度。营养品质不但决定鲜食玉米的营养价值，还是食味品质和加工品质的基础。

产量是种植者获得效益的基础。当前，鲜食玉米销售仍以重量计算，在生产成本一定的情况下，单位面积产量高的品种能获得更多的收益。

抗性包括抗病性和抗逆性。抗病性是指鲜食玉米抵抗常见病害（大斑病、小斑病、南方锈病、弯胞菌叶斑病、茎腐病、纹枯病等）能力的评价，抗逆性是指鲜食玉米对不良气候（低温、高温、干旱、渍害、大风等）和土壤（盐碱、酸性土、铝害等）等环境胁迫抗耐能力的评价。抗性好的品种在相应的胁迫下能够保持相对稳定的品质和产量，可以有效地降低生产风险，保持农业生产的可持续发展。

19 "春提早，秋延后"对鲜食玉米品种有什么要求？

"春提早"是指通过提前播种或采用种植早熟品种等措施，采取地膜覆盖或温室大棚等设施使鲜食玉米提前上市，抢占春末夏初市场的产品空缺期，获得更多收益。"秋延后"是指通过推迟播种或采用种植晚熟品种等措施，使产品上市时间避开鲜食玉米上市的高峰期，延后上市，增强竞争力，获得更高的收益。

"春提早"种植的玉米，需要设施栽培，要求选择的品种植株不宜太高；因春季要抢早上市，所以要选择生育期较短的品种，该类品种上市较早，但太早熟的品种，生产量小，玉米果穗小；早春苗期受倒春寒的低温胁迫多，所以还要选择苗期耐低温的品种。"秋延后"的玉米播种出苗期间，温度高、降水少，正处于伏旱期间，所以选择苗期耐高温、耐干旱能力强的品种。

20 江苏省种植的鲜食玉米品种有哪些？

（1）糯玉米品种。苏科花糯2008、苏科糯10号、苏科糯11、苏科糯12、苏科糯1501、苏玉糯2号、苏玉糯5号、苏玉糯11、苏玉糯901、苏玉糯1502、苏玉糯1508、苏玉糯602、连花糯2号、长江花糯、万糯2000、京科糯2000、中糯2号等（图2-1至图2-4）。

图 2-1　苏科花糯 2008

（左图：群体长势；右图：果穗）

图 2-2　苏科糯 12

（左图：群体长势；右图：果穗）

图 2-3　苏玉糯 1502

（左图：群体长势；右图：果穗）

图 2-4 苏玉糯 11

（左图：群体长势；右图：果穗）

（2）甜糯玉米品种。苏科糯3号、苏科糯8号、苏科糯1505、明玉1203、晶彩甜糯等（图2-5至图2-7）。

图 2-5 苏科糯 3 号

（左图：群体长势；右图：果穗）

图 2-6 明玉 1203

（左图：群体长势；右图：果穗）

图 2-7 苏科糯 1505

（左图：群体长势；右图：果穗）

（3）甜玉米品种。晶甜3号、晶甜5号、晶甜7号、晶甜9号、苏科甜 1506等（图2-8至图2-10）。

图 2-8 苏科甜 1506

（左图：群体长势；右图：果穗）

图 2-9 晶甜 7 号

（左图：群体长势；右图：果穗）

图 2-10　晶甜 9 号

（左图：群体长势；右图：果穗）

 如何区别新种子和陈种子？

（1）**形态区别**。陈种子经过长时间的贮存干燥，自身呼吸会消耗养分，往往颜色较暗，胚部较硬。如贮藏不当，陈种子会受米象等危害，其胚部有细圆孔等。将手伸进种子袋内时，手上会沾有粉末。

（2）**生理区别**。陈种子生理活力弱、发芽势低、田间拱土能力差，种子虽在土中发芽但扭曲，无法露出地面。

（3）**包衣种子鉴别**。陈种子贮藏时间长，会造成色素分解，导致颜色变浅变暗，同时发芽率明显降低，尤其是发芽势降低较大。一般通过测定发芽率和发芽势判定种子质量。

22 **玉米如何制种？**

生产上使用的玉米种子多为单交种，其充分利用了玉米的杂种优势。在制种前，要先选择隔离区，繁殖足够数量的亲本种子。将需要制种的父本和母本按照一定比例种植；根据父本、母本的特性安排播期，确保母本的花丝和父本的花粉相遇；在玉米抽雄前，将母本的雄花全部清除，防止自交。授粉结束后，清除父本行植株。待种子成熟后，经收获、去杂、晾晒、脱粒、精选分级、包衣等工艺加工，留下达到 GB 4404.1–2008 标准的种子。玉米的制种不仅要保证制种产量，还要确保种子的纯度、净度、发芽率、籽粒含水量、种子活力均达标，另外，还要确保种子大小的一致性（图 2–11）。

图 2-11　玉米制种

23　什么是转基因品种？

转基因品种是指通过应用转基因技术，将有特殊经济价值的基因引入植物体内，从而获得高产、优质、抗病虫害的转基因农作物新品种。根据《种子法》第七条规定，转基因植物品种的选育、试验、审定和推广应当进行安全性评价，并采取严格的安全控制措施。

24　转基因生物是否安全？

转基因生物在推广应用前都要经过严格的毒性、致敏性、致畸性、营养成分分析等食用和饲用安全评价；还要经过遗传稳定性、生存竞争能力、基因漂移风险、非靶标生物和生物多样性影响、靶标害虫抗性进化等环境安全评价。在国际上，普遍认为通过安全评价、获得安全证书的转基因生物及其产品是安全的。国际组织、发达国家和我国开展了大量的科学研究，均认为上市的转基因食品与传统食品同样安全。据全球大规模商业化种植转基因作物20年的实践经验表明，转基因作物的安全风险是可控的。

世界卫生组织（WHO）认为："目前尚未显示转基因食品批准国的广大民众在食用转基因食品后对人体健康产生了任何影响。"经济合作与发展组织（OECD）、世界卫生组织（WHO）、联合国粮农组织（FAO）召开专家研讨会，也发出"目前上市的所有转基因食品都是安全的"结论。我国颁发生产应用安全证书的转基因玉米为抗虫普通玉米双抗12-5和抗虫抗除草剂普通玉米DBN9936，鲜食玉米未颁发转基因玉米安全证书。

25　国际转基因玉米种植现状如何？

2018年，世界种植转基因玉米5890万公顷，比1996年的30万公顷增加了5860万公顷，增加了195倍。转基因玉米种植主要集中在16个国家，分布在美洲、非洲、欧洲和亚洲。种植面积前5位的国家分别为美国（3317万公顷）、巴西（1538万公顷）、阿根廷（550万公顷）、南非（216万公顷）和加拿大（160万公顷）。

26　鲜食玉米是转基因品种吗？

转基因玉米品种是指用转基因技术将外源基因导入培育的玉米品种中。鲜食玉米都不是通过转基因手段培育的玉米品种，而是利用玉米本身的基因变异，主要是胚乳突变基因，也叫胚乳突变体，以此来培育的玉米品种。

我国现行的玉米品种试验审定制度要求参试品种必须要做转基因检测，只有证明是非转基因种子，才能安排多点鉴定试验，而且一旦发现是转基因种子或带有转基因成分，都将及时禁止试验，更不可能通过审定，所以市场上不会有转基因的鲜食玉米品种。

27 黑糯玉米是转基因玉米吗？为什么会掉色？

玉米种质资源中粒色类型多种多样。籽粒色泽属于质量性状，它由果皮、胚乳和胚的颜色共同决定。鲜食玉米有黄色、红色、紫色、黑色、花色及白色等丰富的籽粒颜色种质资源，育种家用常规育种方法可以实现选育不同颜色的新品种。黑玉米本身的"黑色"是因为其籽粒糊粉层有不同程度的沉淀花青素，所以外观乌黑发亮，这是其自身基因突变的结果，并非转基因品种。如果将普通玉米染色为黑玉米，其利润并不高，而且在玉米表面染色的难度比较大，所以对于商贩来说，染色的意义并不大。

玉米的颜色仅存在糊粉层。黑玉米比其他颜色的玉米含有更多的花青素。由于花青素是水溶性的，所以煮黑玉米的时候，水会变黑；食用黑玉米的过程中，手口也容易染成黑色。因此，为防养分流失，建议蒸煮食用（图2-12）。

图 2-12　黑玉米花青素溶于水

（左图：水煮黑玉米；右图：溶有花青素的水）

第三章

耕作与栽培管理

 江苏省鲜食玉米适宜的播期是什么时候？

江苏省温光资源丰富，雨水充沛，玉米直播的持续期长，饲用玉米根据播种集中时间，分为春玉米（3月底至4月）和夏玉米（5月底至6月中旬），江苏省由南至北播种时间逐步推迟。鲜食玉米的种植效益高，通过设施栽培，可实现周年种植，周年供应。

（1）春提前设施栽培。1月下旬，在蔬菜大棚内，采用塑盘育苗，地膜覆盖后，再搭小拱棚盖膜，苗龄约半个月，叶龄2叶期；2月，利用蔬菜大棚内春节前后上市的蔬菜等茬口移栽玉米，或露地移栽后搭拱棚盖膜增温防冻；5月，鲜穗陆续上市（图3-1）。

图 3-1 鲜食玉米设施栽培

（左图：大棚栽培；右图：拱棚栽培）

（2）早春大口径塑料软盘或营养钵育苗移栽。2月中下旬，在蔬菜大棚内或选避风向阳、土壤肥沃的地方，采用塑料软盘或有机质营养钵育苗，地膜覆盖后，搭建小拱棚盖膜，苗龄25～30天，叶龄3～4叶；3月底前，利用间作留茬田或蔬菜茬口覆盖地膜移栽；5月底左右，鲜穗上市（图3-2）。

图 3-2 鲜食玉米育苗

（左图：智能温室育苗；右图：拱棚育苗）

（3）春播盘育乳苗移栽。3～4月中旬，分期采用塑盘育苗，地膜覆盖后再搭小拱棚盖膜，苗龄12～15天时移栽于大田；6～7月上中旬，鲜穗陆续上市。

（4）露地直播玉米。4～8月初，利用田间茬口分期直播鲜食玉米，可实现7～11月鲜食玉米的持续供应（图3-3）。

图 3-3 鲜食玉米露地直播

（5）**秋延后直播玉米**。7月底至8月初，利用春玉米、春大豆等茬口播种晚秋玉米，10月，鲜果穗陆续上市，后茬接种秋冬蔬菜和小麦等作物。

㉙　如何实现鲜食玉米周年高效生产？

种植鲜食玉米比其他大田作物可获得更高的经济收入，亩增效100～500元。

（1）**优选品种**。根据市场需求选择稳产性强，外观品质、食味品质、加工品质俱佳的品种，生育期适中，发芽率高，抗逆性强的国审和省审的糯玉米品种。

（2）**隔离种植保品质**。在种植鲜食玉米周围300米范围内，不能种植与该玉米同期开花的普通玉米或其他类型玉米。可采取时差隔离的方法，花期至少相差20天；也可采用树林、高粱等高秆作物进行空间隔离，防串粉保品质。

（3）**优化播期，均衡上市**。根据市场需求，遵循前伸后延、分期播种、均衡上市的原则安排播期，最大限度地提高种植效益。设施栽培采用盘育乳苗移栽技术，早春"多棚"栽培的玉米2月上旬播种；大棚双膜栽培的玉米2月底、3月初播种；塑盘育苗地膜移栽的玉米3月10日前后播种；地膜直播的玉米3月中旬播种；露地直播的玉米一般3月下旬、4月上旬土壤温度稳定在10℃左右时，开始分期播种；夏播在6月中旬播种；秋播最迟播期是以保证灌浆期的温度在22～24℃为原则播种。5月下旬开始分批采收上市。

（4）**高效种植模式**。鲜食玉米生育期短，可与多种蔬菜、粮食作物间套种，在高效种植模式中可发挥承上启下的作用。已形成了"小麦-鲜食玉米""油菜-鲜食玉米""蒜-鲜食玉米""刀豆/鲜食玉米-西兰花""青蚕豆/春玉米/青毛豆-冬季蔬菜""马铃薯/（青玉米+青毛豆）-冬季蔬菜""冬季蔬菜-马铃薯/春玉米""大棚西瓜/青玉米-蔬菜"等一系列高效的种植模式。间套种鲜食玉米结合当地生态条件和品种特性，协调好两种作物共生期间的水肥光照等矛盾，实现立体种植、高产高效的目标，同时，实现土地的种养结合，实现农业的可持续发展（图3-4至图3-7）。

图 3-4 蚕豆套鲜食玉米

图 3-5 西瓜套鲜食玉米

图 3-6 大蒜套鲜食玉米

图 3-7 大麦套鲜食玉米

（5）田间管理。

①合理密植，提高整齐度。种植密度对鲜食玉米产量和质量影响较大，种植株数应视品种和需求而定，一般收鲜果穗的地每亩留3500～4000株。早熟品种密度宜高，晚熟品种密度稍低；甜玉米出苗率低，苗势弱，植株整齐度差，可采用育苗移栽，控制苗期整齐度。

②肥料运筹。以有机肥为主，减少化肥用量，控氮、稳磷、增钾，针对性施用微肥。提倡施用有机无机复混肥、多元复合肥。禁止使用硝态氮肥、重金属含量超标的商品有机肥、未腐熟的有机肥和城市生活垃圾等。施用有机肥及氮、钾、锌肥以作基（种）肥为宜。氮肥分配比例为基肥30%、苗肥30%、穗肥40%，穗肥应在大喇叭口期早施重施。磷钾肥一次性基施，并适当增施锌、铁等微肥。适当增施钾肥，有利于提高甜玉米含糖量。

③水分调控。南方鲜食玉米主产区降水主要集中在夏季，因降水量随季节分配不均匀，往往有春旱、夏涝及秋旱发生，所以播种后应及时清理"三沟"。

播种期的适宜土壤相对湿度为 65% ～ 75%，拔节至成熟期的适宜土壤相对湿度为 70% ～ 80%，要注意结合天气及时排灌。

（6）**病虫害防控**。优先选择抗病品种或采取生物防治。根据鲜食玉米的病虫害发生规律，开展无公害防治，实行统防统治，严格控制用药与果穗采收的安全隔离期，有效控制药害。使用化学农药时，按 GB 4285—1989 和 GB/T 8321 规定执行。鲜食玉米常见的虫害有玉米螟、黏虫、草地贪夜蛾、甜菜夜蛾、斜纹夜蛾等，低龄幼虫较容易防治，高龄幼虫的抗药性增加，防效会降低，所以应多观察田间虫害发生情况，早发现早防治。

30　双季鲜食玉米高效种植的茬口安排和优势是什么？

春季 3 月 20 日前，播种鲜食春玉米并覆盖地膜，7 月初收获，或在 7 月中旬秸秆清理后，直播秋鲜食玉米，10 月底玉米收获，冬季可种植一季蔬菜。

该模式种植鲜食玉米取得较高效益的关键是春季提前播种，夏季提早上市；秋季晚播种，适当推迟上市期。双季鲜食玉米通过错开鲜食玉米的集中上市期，获得较高的销售收益。其中，秋鲜食玉米采收期温度低，弹性大，可逐步上市以缓解上市压力；秋鲜食玉米速冻加工的冷藏时间短、成本低，能够更好地保持产品风味。冬季的蔬菜还可进一步增加种植效益。

31　春西兰花–鲜食玉米–秋西兰花种植模式的茬口安排及效益如何？

春西兰花于 12 月中旬育苗，翌年 2 月下旬至 3 月上旬地膜覆盖移栽，5 月中旬收获；玉米于 4 月 15 日前后套种在西兰花行间，7 月中旬收获；秋西兰花于 7 月中旬育苗，在田块整理好后及时定植，11 月上旬开始采收，12 月中旬采收结束。

鲜食玉米与两季西兰花轮作，不仅可以获得 5000 元以上的产值，还可以减轻西兰花的重茬障碍（图 3-8）。

图 3-8　鲜食玉米 - 西兰花种植模式

(32) 甜豌豆-鲜食玉米-大白菜种植模式的茬口安排及效益如何？

　　秋播时开沟作畦，一般畦宽300厘米，沟宽25厘米，甜豌豆（又称食荚豌豆）于10月下旬穴播，行距60厘米，穴距25厘米，每穴播2～3粒种子。4月下旬开始收获，5月中旬清茬。玉米于4月下旬育苗，在甜豌豆清茬后移栽玉米，行距50厘米，株距25～30厘米，每亩定植4500株，7月下旬收获。大白菜于8月中旬育苗，9月中旬移栽，行距60厘米，株距40厘米，每亩定植3000株。

　　甜豌豆在国际市场上颇受欢迎，在江苏泰兴、南通等地大面积种植，亩产值约4000元；鲜食玉米供应长三角城市圈，亩产值2000元；大白菜是家庭常备蔬菜，亩产值1000元，此种植模式每亩累计年产值7000元。

(33) 矮生菜豆-鲜食糯玉米-西兰花种植模式的茬口安排及效益如何？

　　3月下旬，播种矮生菜豆，6月上中旬采收；4月下旬至5月初，套种鲜食玉米，7月中下旬采收；7月上旬西兰花播种育苗，8月上旬移栽定植，10月中下旬花球达到标准及时采收。

　　矮生菜豆和西兰花的产值均较高，合计每亩总产值可达6000元，鲜食玉米每亩产值2000元，此种植模式每亩累计年产值8000元（图3-9）。

图 3-9　矮生菜豆套鲜食玉米

 ## 鲜食玉米–青花生–荞麦种植模式的茬口安排及效益如何？

34

3月中下旬，播种鲜食玉米，6月下旬，鲜食玉米上市；4月中下旬，青花生套种于鲜食玉米行间，8月上旬，采收青花生；待鲜食玉米、青花生清茬后，8月初，播种荞麦，10月中下旬，收获荞麦。该种植模式需具备一定销售能力，另外，还可增加冬季的蔬菜种植。在不增加种植冬季蔬菜的情况下，非保护地栽培的鲜食玉米亩产值2000元，青花生3000元，荞麦500元，该种植模式全年产值5500元（图3-10）。

图 3-10　鲜食玉米套种青花生

荞麦是长江中下游的传统杂粮，因其价格不断攀升，生育期又较短，其种植面积不断扩大；鲜食玉米、青花生也是该地区的特色杂粮作物。由于长江中下游地区的沿江旱作面积较大，需要通过提高土地复种指数增加种植效益，所以该模式已在当地得到了较好的推广应用。

35 如何乳苗移栽？

鲜食玉米种子发芽势弱，顶土能力低，尤其是甜玉米种子发芽率低，常因苗势参差不齐造成大小苗而影响果穗的商品率。在早春的低温气候条件下，种子出苗时间长，在出苗过程中，容易出现种子霉烂、地下害虫危害、鸟害等，造成缺苗断垄，群体质量差，对产量影响较大。通过拱棚或温室大棚育苗可比大田直播提早20天播种，有利于苗期避开春季倒春寒的低温胁迫，培育壮苗。通过育苗移栽还可以节约用种量，缓解玉米与其他作物共生期的竞争。

（1）**穴盘选择**。可选用55厘米×28厘米的128孔或59.5厘米×32厘米的100孔塑料穴盘作为育苗载体。

（2）**苗床准备**。选择肥沃、疏松、背风向阳便于管理的旱地壤土作为苗床，搭建拱棚保温；或在具备控制温湿度功能的温室大棚制作苗床。

（3）**苗床营养土配制**。苗床营养土要选择不带病菌、杂草和虫卵，且质地疏松的冬闲田表土，每吨细土加优质腐熟有机肥300千克、复混肥1～2千克、过磷酸钙3千克拌匀；播种前，每吨营养土拌入30%苗菌敌4包（20克），播种后浇水覆土。营养土的持水量需能够实现手捏成团，落地即散。

（4）**播种**。苗床土在浇透底水后，立即摆盘，先将育苗盘摆放于事先整理好的苗床内，盘间不留间隙，盘孔内装入3/4的营养土，然后点播，每穴放1粒。最后，用营养土盖种，并用竹片或木板刮去盘面上的土壤。

（5）**覆膜**。田间苗床早春育苗可采用大棚或拱棚、地膜双层膜覆盖，以保暖防寒。盖膜时注意盖严压实。

（6）**苗床管理**。

①温度管理。播种至齐苗为密封期，以保持苗床较高温度，有利于出苗，齐苗后除去平铺膜。然后，在晴天揭膜通风降温，防止烧苗，移植前2～3天全揭膜炼苗，注意避免炼苗期间极端恶劣天气。

②**肥水管理**。在床土、盘土充分湿润的条件下,密封期一般不缺水,齐苗后除去平铺膜。揭膜后,按照盘土不发白不浇水,浇水必浇透的原则补充水分。

（7）**大田移栽**。

①**整地**。塑盘孔径小,苗龄弹性小,移栽期短,生产田要早耕、早整,做到田等苗。结合移栽期的天气状况,确定露地移栽或覆膜移栽,以提前覆膜等苗。

②**施肥**。基肥以腐熟有机肥为主,一般结合耕整地亩施1.5～2吨。移栽前,可亩施氮磷钾复合肥25～30千克,缺锌地区,配施适量锌肥。

③**移栽**。根据天气情况,雨前抢栽或雨后1天移栽。当幼苗在1叶1心期时移栽,田间缓苗期短,成活率高。移栽前炼苗2～3天,移栽时带土移栽,随移随栽。移栽时大小苗分级,分区域种植,分级管理,移栽后浇足活棵水（图3-11）。

图3-11 乳苗移栽

（左图:穴盘育苗;中图:覆膜栽培;右图:拱棚＋地膜栽培）

36 玉米地膜覆盖种植技术要点是什么？

（1）**抓全苗**。覆膜种植须做到地势平坦、土层深厚疏松,地表没有杂草和根茬,表土细碎松软,行距适中;可比露地适时足墒早播,等距穴播,浅播薄盖,种肥错开。

（2）**覆好膜**。应选用透光率高、增温效果好、拉伸力强、抗撕裂、不易老化的低压聚乙烯线性薄膜。覆膜按照"盖早不盖晚,盖湿不盖干"的原则,覆膜质量会直接影响出苗、保墒、增温效果。注意要避免地膜被风损坏。

（3）施足肥料。地膜覆盖会给追施肥料造成困难，所以要施足底肥，增施有机肥，满足植株一生对养分的最大需求。

（4）药剂灭草。覆膜前采用药剂灭草，一般每亩用38%莠去津0.2～0.25千克加乙草胺乳油150～200毫升，兑水60千克，均匀喷洒于床面后立即盖膜。

（5）防治病虫害。采用种子包衣防治地下害虫，选择高效低毒农药及时防治二代黏虫和玉米螟。

（6）加强管理。对于膜内种植的玉米田，如果是先播种后覆膜，苗齐后要及时开孔放苗，防止高温烧苗。按照“放大不放小，放绿不放黄，阴天突击放，晴天避中午”的原则放苗出膜，放苗后，用土封严苗孔。如果是先覆膜后播种，要及时检查，当苗被压在膜下时，要及时扶苗出膜，再封严苗孔。对于膜侧种植的玉米田，要尽量靠近地膜播种。要充分利用膜侧种植的优点，在玉米需肥的关键时期追肥，充分发挥覆膜玉米的增产效果（图3–12）。

图3–12　鲜食玉米覆膜种植

（左图：播前覆膜；右图：覆膜玉米长势）

37 什么是多棚覆盖早播技术？

多棚覆盖早播技术是指塑盘育苗、乳苗移栽和多棚（大棚+中棚+小拱棚，简称多棚）增温相结合的设施早播技术。此方法可使江苏省鲜食玉米的播

种期提早至2月上旬，移栽期提前至3月初，可大大提早鲜穗的上市期，提高鲜食玉米的种植效益（图3-13）。

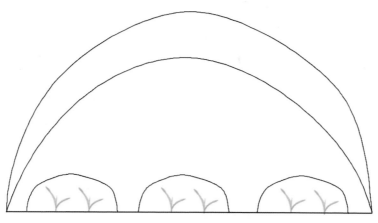

图 3-13 多棚设施栽培

 鲜食玉米秋延后栽培有什么意义？

为提高鲜食玉米的种植效益，抢占鲜食玉米上市量少的市场期。有条件的种植户都会对鲜食玉米进行秋延后种植，主要是因为秋延后种植有以下几个优点。

（1）**平衡市场供应。**秋延后鲜食玉米一般于7月下旬至8月上旬播种，10月中旬至11月中旬采收上市，此时正是鲜食玉米鲜穗市场供应的淡季，该时期采收上市的鲜食玉米，可平衡市场短缺，获得较高的经济效益。

（2）**缩短冷藏保鲜周期。**鲜食玉米秋延后栽培所生产的鲜果穗在加工后，经短时间的冷藏，即可满足元旦、早春等冬季的市场需求，冷藏保鲜周期短，减少了果穗的冷藏成本，降低了长时间冷藏而导致的口味变差、品质降低的风险。

（3）**适采期长，上市压力小。**秋延后鲜食玉米采收正值凉爽季节，此时由于温度较低，植株的光合积累较慢，鲜穗适宜的采收期较宽，一般前后有10天左右的收获弹性期，相比春播鲜食玉米的上市期要长，因春播玉米收获期时温度高，仅有3～5天的收获弹性期。

晚秋玉米前期的生长过程中与高温高湿相伴，各种病虫害的发生数量多、世代叠加，防治难度大，管理稍有不慎，容易造成减产和品质下降，导致经济效益受损。

 如何做到玉米无公害生产?

玉米无公害生产是指遵循可持续发展的原则，产地空气质量、土壤环境符合国家GB 3095和GB 15618的要求，并按NY/T 394和NY/T 393行业标准的要求合理使用肥料和农药，并且要求产品中农药、重金属、硝酸盐和亚硝酸盐、有害微生物的残留物符合无公害农产品质量标准。

无公害生产的关键是最大限度地控制化肥用量，严禁使用高毒、高残留农药，同时，防止收、贮、销过程中的二次污染。

 玉米播种前为什么要精选晾晒?

生产用的玉米种子大都经过了筛选处理，但是受加工工艺条件限制，销售的玉米种子中仍难免出现破损粒、霉变、石子等杂质，种子在收获加工过程中也会受机械挤压撞击而损伤，市场销售的种子难以达到100%的发芽率，需手工对种子进一步筛选，留下最好的种子，保障玉米苗全、苗齐、苗壮。

晒种可以打破玉米种子的休眠期，提高种子发芽率，通过晒种增强种子内酶的活性，提高种子的发芽势和发芽率，促使种子出苗快、出苗齐。晒种还可以增强种子吸水能力，提高种子的发芽速度。还能充分利用太阳紫外线，杀死种子表面的病原菌，预防和减轻由种子带菌造成的病害。

 为什么要种子包衣，包衣方法和种衣剂的种类有哪些?

玉米从种子播种至出苗期间，常遭遇病菌侵染和虫害，为降低出苗期间的风险，一般使用种衣剂对种子进行包衣处理。玉米种子包衣就是用含有杀虫剂、杀菌剂、微肥、植物生长调节成膜剂，再经先进工艺加工制成的菌肥复合型药剂，包在玉米种子外面形成种衣膜，也就是给玉米种子包上"外衣"（图3-14）。

图 3-14 种子包衣剂

（1）种子包衣的优势。

①可减少用种量。玉米种子通过精选包衣后，提高了发芽率及整齐度，可采用精量播种技术。在大量减少亩用种量的同时，能保证田间苗全、苗匀、苗壮，从而降低生产成本，减轻劳动强度。

②促进植株生长。玉米种衣剂里含有促进植物生长的微肥和激素。经过包衣的种子，表现为幼苗根系多、短而粗、长势强。

③预防病虫害的发生。玉米种子经包衣后，播进土壤里，在种子周围形成保护屏障，可以避免土中病虫害的侵袭。当种子吸水膨胀、萌动、发芽、出苗、成长时，药膜不会马上融化，内吸性药剂从药库中缓慢释放，逐渐被玉米根系吸收，再传导到幼苗的根系各部位，持续发挥防治病虫害的作用。

④能够减少污染。玉米种子包衣把传统的开放式施药改为隐蔽式精准施药，不但推迟了大田苗期施药时间，而且减少了苗期施药次数，从而减少了对空气及土壤的污染。

（2）包衣方法。

①企业包衣。种子经销企业会针对品种的特性定制种衣剂，鲜食玉米种子较少包衣。

②自行包衣。种植户在采购鲜食玉米种子时，可根据当地常发的病虫害，向销售企业定制种子包衣方案，或自行选择含有相应杀虫剂、杀菌剂有效成分的种衣剂进行包衣。

③包衣过程。首先，根据药剂的使用说明的药种比例称取相应重量的药剂和种子，并根据药剂说明确定是否进行稀释操作。然后，准备拌种器具（拌

种机、塑料袋、水盆、桶等容器），将种子和一定量的种衣剂掺混，迅速搅拌或揉搓，至拌匀为止，放置阴凉处晾干备用。最后，由于种衣剂在种子表面3～5分钟迅速固化成药膜，药剂和种子掺混在一起时要尽快混合均匀，使药剂均匀地包裹在所有种子表面（图3-15）。

图 3-15　种子包衣剂效果

（3）种衣剂种类。

按组成成分分为两类。

①**单元型种衣剂**：是为解决某一问题而配制的种衣剂。如杀虫种衣剂、杀菌种衣剂、除草种衣剂等。其特点是针对性强，能及时解决生产上的某一突出问题，防治效率高、效果好。

②**复合型种衣剂**：是为解决两个或两个以上的问题，利用多种有效成分复配而成的。

42　玉米田为什么要挖通"三沟"？

为了便于田间排涝降渍，将田块划分为3～5米宽的畦面，每个畦两侧各挖一道排水沟，称为"畦面沟"。在畦面较长的地块，由于田间积水排除难度大，一般在畦面的中间挖一道排水沟，称为"腰沟"。为了保障田块内的畦面沟和腰沟内的水顺利排入防洪渠，会在地块的四周挖个围沟。为了保障田间排涝降渍而设置的畦面沟、腰沟、围沟统称为"三沟"（图3-16）。

图 3-16　鲜食玉米田"三沟"

江苏省光温资源充足，但是年内降水量分布不均，存在过程性强降水，6月中旬入梅至8月初台风过境，多持续强降水过程，无论是春玉米还是夏秋玉米都易受渍涝胁迫。尤其是夏秋玉米正处于耐渍涝能力较弱的苗期，极易造成苗黄、苗弱，然而通过挖通田间"三沟"，可有效排除田间积水，降低土壤含水量，减轻渍涝胁迫。

玉米合理密植的原则是什么？

玉米的适宜种植密度受品种特性、土壤肥力、气候条件、土地状况、栽培管理水平等因素的影响。因此，确定适宜密度时，应根据上述因素综合考虑，因地制宜。一般应掌握以下原则。

（1）株型紧凑和抗倒伏的品种宜密，株型松散和抗倒性差的不耐密品种宜稀。

（2）晚熟品种一般植株高大，单株生产力高，适宜稀植；早熟品种一般植株较小，单株生产力较低，适宜密植。

（3）土壤肥力较低、水肥等条件较差时，宜稀植；肥力基础较高、水肥条件好时，宜密植。

（4）气温较高、湿度较大、通风透光条件差和昼夜温差小的地区，宜稀植；气候冷凉干燥、通风透光条件好、日照时数多、昼夜温差大的地区，宜密植。

（5）精细管理的宜密植，粗放管理的宜稀植。

（6）由于甜玉米大多植株生长繁茂且较高，所以其种植密度较糯玉米的低。

 如何提高玉米群体整齐度？

提高群体整齐度是增加鲜食玉米商品率的重要措施。在生产过程中，由于整地质量差、出苗不整齐、缺苗断垄或管理不善，造成植株个体发育不同，导致个体对资源的需求不能协调统一，形成大欺小、强欺弱的不良群体结构。小苗夹在大苗中间光照不足，会发育不良，"一步跟不上，步步跟不上"，往往形成小穗或空秆，成为玉米田的"隐性杂草"。

提高整齐度的技术措施有以下3点。

（1）提高播种质量。

①施足底肥。亩施腐熟有机肥3000千克，底肥磷酸二铵7.5千克，硫酸钾5千克，微量元素（锌、铁、硼、锰、铜、钼）适量。

②营造种子发芽、顶土和生长的良好环境。做到有墒保墒，无墒造墒。如遇严重干旱无法播种时，要采取抗旱措施，保播种、保出苗。

③优质种子。选择熟期适当、籽粒饱满、大小均匀的优质良种。购买到种子后，选择晴天的上午9时至下午4时，连续曝晒2～3天。

④种子包衣。采用有包衣的种子，可兼治多种病虫害，起到保全苗、促壮苗的作用。

⑤单粒精播保证全苗。优选播种机械，精选种子，精细整地，精量播种，合理密植提高玉米植株在田间布局的均匀度。实现苗齐（出苗整齐，苗大小均匀一致）、苗全（不缺苗、无断垄）、苗匀（株行距分布均匀，个体生长空间一致）、苗壮（个体生长健壮，无病、无虫、无黄瘦弱苗）的目标（图3–17）。

⑥适期播种。在墒情好的条件下，在土壤表层5～7厘米温度稳定在10℃以上时播种。

⑦播种深度。应让种子处在温湿度都比较有利的土层，一般以5厘米为宜。墒情较好的黏土，应适当浅播，以3～5厘米为宜；疏松的砂质壤土，应适当深播，以5～6厘米为宜；如土壤水分较大，则不宜深播。播种后，根据墒情状况及时镇压。

图 3-17 机械精播

⑧甜玉米的种子发芽势弱，必要时采用地膜覆盖、营养钵育苗移栽等技术，将大小苗分区域种植，分级管理。

（2）采取适当促控管理措施。拔节至喇叭口期，结合中耕追肥等管理，剔除细弱苗和畸形苗，减少养分消耗。加强管理，及时中耕松土。看苗追肥，促弱转壮，确保幼苗生长整齐一致。

（3）采取积极的植保措施，在造成危害之前把病虫害消灭。化学除草与中耕锄草相结合，坚决杜绝草荒，要保障养分集中供给玉米苗，促进均衡健壮生长。采取预防为主的办法，做好清洁田园，增强植株抗病能力，及时防治病害。

 如何预防玉米空秆?

（1）空秆的原因。

①品种不耐密。由于品种的株型、适应性、综合抗性等原因，超过合理密度范围种植容易诱发玉米雌雄穗分化不协调，导致花期不遇；同时，不耐密品种常出现营养不足，光合面积较小，有机物质积累少的问题，已授粉籽粒没有足够光合产物灌浆成熟，最终造成雌穗发育不良而出现空秆。

②施肥不合理。在肥力不足的条件下，施肥量直接决定植株的生长量和籽粒产量；肥料供应偏少，密度越大，空秆率越高；施单一肥比施配方肥的空秆率高，施用二元肥料比施三元肥料的空秆率高。

③高温干旱。喇叭口至抽穗前是玉米需水量最大的时期，如果在这个时期

干旱缺墒，会影响正常的雄穗散粉和雌穗吐丝，造成散粉提前和吐丝延迟，严重时导致花期不遇。在这种情况下，花粉的生命力弱，花丝容易枯萎，造成不能授粉受精，从而出现空秆（图3-18）。

图 3-18　高温干旱

④持续降雨。在玉米抽雄散粉期，如果遇阴雨连绵和光照不足的情形，花粉粒易吸水膨胀而破裂死亡或黏结成团，从而丧失授粉能力，使雌穗花丝不能及时受精，造成有穗无籽。

⑤病虫害胁迫。小斑病、褐斑病和南方锈病等叶斑病会影响叶片的光合能力；玉米螟、蚜虫、黏虫、草地贪夜蛾等会造成叶片残缺，从而影响光合物质供应，钻蛀类害虫还会影响光合产物的运输，制约籽粒的灌浆充实。

（2）预防措施。

①合理密植。选择耐密品种，根据品种配套种植密度，一般每亩为3500～4000株，紧凑型品种取种植密度上限，松散型品种取种植密度下限。适当增加行距，有利于通风透光，提高光合能力，增加果穗营养，促进果穗分化，降低空秆率。

②科学施肥。根据地力水平施肥，做到深施，施后覆土，保证养分供给。同时做到氮磷钾均衡施肥，有机肥和化肥相结合，播种时带入种肥，配合追施肥。建议种肥施用缓控释肥，保证全生育期的养分供应。

③水分管理。玉米是需水、需肥的作物，除苗期适当炼苗有利于根系下扎外，后期还要保证水肥供应。玉米抽雄前15天会对水敏感，容易造成"卡脖旱"，及时浇水可促进果穗发育，缩短雄、雌花的间隔，利于正常授粉受精，降低空秆率。玉米全生育期不耐涝，苗期的耐涝能力最弱；在玉米拔节和抽穗

期遭遇渍涝容易损伤根系活性，影响养分吸收从而造成空秆。

④**辅助授粉**。在玉米散粉吐丝期，当出现持续降雨天气时，抓住晴天时机，用竹竿或拉绳振动雄花，一天1次，进行2～3天，有利于花粉散落，增加授粉机会，提高结实率。

⑤**病虫害防治**。种植玉米时，重视病虫害的防治工作，加强田间管理，一旦发现病虫害时要及时处理。在确诊具体病虫害后，趁早趁小对症下药，降低产量损失。

 如何预防玉米倒伏？

（1）**倒伏的原因**。

①**品种**。不同品种抗倒性不同，部分品种的根系不够发达，容易出现根倒；植株韧性不够，容易出现茎折。

②**种植过密**。播种密度与品种特性不匹配，密度过大，植株个体间的竞争激烈，单株生长较弱，根系发达程度和韧性均不足，容易发生倒伏。

③**偏施氮肥**。玉米是需肥需水的作物，施用氮肥过多容易造成叶片繁茂、穗位偏高等植株旺长的情况，尤其在苗期氮肥重施会造成根系不够发达，抗倒性不足。

④**虫害**。玉米灌浆期至成熟期钻蛀性害虫会造成植株茎秆多孔洞，在影响养分运输的同时，抗倒伏能力也大幅下降（图3-19）。

图 3-19　玉米倒伏

（2）预防措施。

①选用抗倒品种。玉米品种的株形、根系的发达程度、茎秆的柔韧性等农艺性状直接影响抗倒性，生长过程中要注意比较筛选，选用抗倒性较好的品种。

②增施钾肥。钾肥具有提高玉米茎秆强度的作用，在足量施用氮肥的情况下，提倡增施钾肥。钾肥宜早施，要在出苗后作为提苗肥施用。一般每亩可施用硫酸钾或氯化钾 10 ～ 20 千克。

③适度蹲苗控旺。对于密度较大、肥力水平高的田块，可在苗期适度干旱或控肥蹲苗。控制基部茎节旺长，促进根系发育，从而减轻倒伏发生的概率。夏玉米在出苗后，就进入高温多雨季节，基本上没有蹲苗的机会，因此多采用植物生长调节剂控旺防倒，但要注意生长调节剂的使用时期和使用量。

④科学追施氮肥。玉米穗分化期追施氮肥可以促进植株或果穗的发育，但追施氮肥时间不当和施肥量过大则容易引起倒伏。玉米拔节期基部茎节开始快速伸长，此时追肥会增加倒伏风险。

⑤中耕培土。培土可以促进地上基部茎节气生根的发育，增强植株抗倒伏的能力。培土可在拔节至喇叭口期间进行，中耕深度 5 ～ 8 厘米，培土高度 8 ～ 10 厘米。深松可破除犁底层，增强土壤的蓄水肥能力，还可以促进根系下扎，增加固着能力，提高抗倒性。

⑥合理密植。种植过密，田间过于郁闭，增加了植株间的竞争，往往会造成茎秆细、穗位高、倒伏风险大等问题。合理密植要因地制宜、因品种制宜，一般应按品种说明书上的密度种植，不可随意增加种植密度。只有这样才能为玉米生长创造良好的通风条件，避免因通风不良而造成玉米倒伏。

⑦防治病虫害。在喇叭口期防治食叶性害虫的同时，加强对玉米螟、桃蛀螟、草地贪夜蛾等茎秆钻蛀类害虫的防治。

47 玉米倒伏是否要扶？

当玉米的生育期与雨季相遇时，出现的降水和强对流天气通常会造成玉米倒伏。倒伏不仅影响玉米的生长发育，还会造成病虫害的高发，影响玉米机械收获。玉米倒伏后是否需要扶正，不仅是一个技术问题，还要综合考虑其经济因素。玉米的每一次倒伏和扶正，都会对植株造成损伤，每次扶玉米也需大量人工投入，而挽回损伤的多少取决于玉米的恢复情况，所以要结合具体情况采取应对措施。

（1）**排水。**倒伏一般与大风强降水相伴，无论哪个生育期的倒伏，都要先清沟理墒，排净田间积水。

（2）**抽雄前倒伏可不扶。**抽雄前玉米处于快速生长阶段，倒伏后3天内能自然弯曲自立。靠近地面的茎节可迅速扎根，发挥气生根的固定作用。由于首次倒伏后，玉米植株对风吹的受力面减小，穗位降低，出现再次倒伏的风险较小，对产量的影响较低。总之，倒伏出现得越早，植株的恢复能力越强，对产量的影响就越小。

（3）**散粉期分情况确定。**倒伏较轻（茎与地面夹角大于45°）的玉米，一般不用采取扶直措施，随着生长可自然直立起来。对于倒伏严重，特别是匍匐的玉米，有条件的最好及时人工扶正，并在根部培土。在扶正过程中，尽量减少对根系和叶片的损伤，并将3～4棵玉米捆扎在一起，防止出现再次倒伏。

（4）**茎折断不要扶。**出现倒折后，茎秆的养分运输能力基本丧失，可获得的产量有限，要尽快把折断植株清除出田间，以免腐烂，影响正常植株生长。茎折断严重的地块，应根据农时清理地块，尽快补种生育期较短的萝卜、白菜等蔬菜（图3-20）。

图 3-20　玉米倒折

48 中耕除草有什么作用？

有利于松土除草，提温保墒，提高根系活力，增强对肥料的利用率。中耕可以打破表层土壤的毛细管，减少肥水向土壤表层的移动，从而起到保水保肥的作用（图3-21）。

图 3-21　中耕除草

49 玉米苗期管理的要点有哪些？

根据玉米的生育进程，玉米从出苗到拔节这一阶段为苗期，苗期以营养生长为核心，地上部生长相对缓慢，根系生长迅速。田间管理的主攻目标是保证苗全、苗匀，促进根系生长，培育壮苗，为高产打下基础。田间主要管理措施有以下3种。

（1）**病虫草害防控**。玉米苗期植株幼小，根系不发达，抗病虫能力弱，此时植株易遭受病虫害的侵袭，造成弱苗或死苗。好的种子包衣剂可以有效防治地下病虫害的危害，重点对蓟马、甜菜夜蛾、草地贪夜蛾等地上害虫，或重发年份的地老虎、二点委夜蛾等地下害虫进行防治。

对苗前未封闭除草或封闭效果不好的田块，可进行苗后化学除草。玉米的3～5叶期是喷施苗后除草剂的关键时期。苗后除草剂使用不当，容易出现药害，轻者延缓植株生长，形成弱苗；重者生长点受损，心叶腐烂，不能正常结实。药害产生的主要原因：没有在玉米的安全期（3～5叶期）内用药、盲目加大施药量、重叠喷药、高温炎热时施药、几种药剂自行混配、喷药器械未清洗、误用除草剂、使用有机磷农药间隔期过短、品种敏感等。6叶期后，玉米耐药性变差，喷除草剂时可加装防护罩，在玉米行间杂草上定向喷雾，避免除草剂喷施到叶片上，尤其是避免喷施到心叶内。

（2）**追施苗肥**。对播种时未带种肥或底肥的地块，苗期可追施苗肥。追施苗肥可促进幼苗根系生长，对于培育壮苗和实现高产至关重要。苗肥一般在定苗后开沟施用，避免在没有任何有效降水的情况下进行地表撒施。施肥量可根据土壤肥力、产量水平、肥力养分含量等具体情况来定，一般施入全磷、全钾和40%的氮肥，有条件的地方可在行侧10厘米左右开沟深施，深度10厘米左右。如果后期不再追肥，可配施一定比例的缓控释肥。

（3）**水分管理**。玉米苗期植株对水分的需求量不大，可忍受轻度干旱胁迫。在播前墒情较好或播后浇过蒙头水的田块，苗期一般不需要再补充灌溉。江苏省春玉米苗期多低温，夏玉米苗期与梅雨季节相遇，一般苗期不需要灌水，重点做好清沟理墒，防止后期出现降雨，便于排涝降渍。

 玉米穗期管理的要点有哪些？

玉米从拔节至抽雄这一阶段为穗期。该时期的生长发育特点是营养生长旺盛，地上部茎秆和心叶以及地下部次生根生长迅速，同时雄穗和雌穗相继开始分化和形成，植株由单纯的营养生长转向营养和生殖生长同时进行。穗期是玉米一生中生长最旺盛的时期，也是玉米田间管理的重要时期。田间管理的主要目标是促秆壮穗，保证植株营养体生长健壮；根深叶茂，雌雄穗发育良好，力争穗大、粒多。

穗期主要管理措施有以下4种。

（1）**病虫害防控**。穗期病虫害发生种类较少，主要病害为小斑病、纹枯病、顶腐病和细菌性茎腐病，同时也是除草剂药害显症时期。进入穗期，种衣剂基本不再起作用，品种的抗病虫水平基本固定，主要通过化学农药喷雾或颗粒丢心的方法防治。

（2）追施穗肥。进入穗期，植株生长旺盛，是对矿质养分的吸收量最多、吸收强度最大的时期，也是玉米一生中吸收养分的重要时期，也是施肥的关键时期。大喇叭口期追施氮肥，可有效促进果穗小花分化，实现穗大粒多。穗期主要是追施速效氮肥。一般在拔节至大喇叭口期追施，追肥量可根据地力、苗情等确定，一般是总氮量的60%。在行侧10厘米左右开沟深施或在植株旁穴施，深度10厘米左右，有条件的可采用中耕施肥机进行施肥作业。

（3）水分管理。穗期对水分的需求量大，干旱会造成果穗有效花丝数和粒数的减少，还会造成抽雄困难，形成"卡脖旱"。江苏省夏玉米的伏旱往往与穗期相遇，可根据天气情况和土壤墒情灵活灌溉，遇涝及时排水。

（4）化学调控。化学调控技术是应用外源植物生长调节剂改变植株体内激素系统，调节作物生长发育，使其朝着人们预期的方向和程度发生变化的技术。科学应用化学调控技术，可有效降低玉米倒伏风险。不合理的应用化学调控技术，极易造成减产。需遵循以下4个原则。

①化学调控技术适用于风大、常年倒伏多、水肥条件好、生长偏旺、种植密度大、品种易倒伏的田块。密度合理、生长正常的田块可不用化学调控。

②增密种植，比常规大田密度亩增500～1000株。

③根据不同化学调控剂的要求，严格遵守使用说明的剂量和时期，均匀喷洒于上部叶片上，不重喷、不漏喷。

④如喷药后6小时内降雨，可在雨后酌情减量增喷1次。

51 玉米花粒期管理的要点有哪些?

玉米花粒期是抽雄至成熟的一段时期，该时期营养生长结束，转为生殖生长阶段，是果穗与籽粒生长发育的关键时期，也是玉米授粉结实的阶段。玉米花粒期决定着最后的产量，是关键时期。田间管理的主攻目标是保证授粉良好，维持较高的群体光合生长能力，防止倒伏和后期早衰，促进籽粒灌浆，提高成熟度，争取粒多、粒饱、高产。

主要管理措施有以下两种。

（1）**防早衰**。抽雄至成熟期间叶片的光合产物是籽粒养分的主要来源。防止后期早衰可有效促进籽粒灌浆、提高千粒重。主要是通过防止后期的渍涝胁迫和病虫危害，增施花粒肥，延长叶片的光合持续期。

（2）**病虫害防治**。花粒期病虫害的发生情况直接决定着叶片光合能力和光合持续期，然而，该时期却是各种叶斑病和果穗害虫发生的高峰期。该时期田间玉米植株高大郁闭，加之夏季酷热高温，虽然现有的化学农药可有效进行防控，但田间操作难度大，防治成本高，难以预期后期回报能否抵消投入成本，所以难以推广应用。近年来应用的无人机喷药防治，为后期病虫害防治提供了可能，并得到了大面积的推广应用。

52 什么是"肥料的三要素"？

肥料的三要素是指作物生长所需要的氮、磷、钾三种大量元素。因为各种作物对氮、磷、钾的需求量较多，而土壤中它们的有效含量少，需经常施肥加以补充。因此，这三种元素的肥料施用量较大，故称为"肥料的三要素"。

53 玉米的氮素吸收规律是什么？缺氮会对玉米产生哪些不良影响？

玉米吸收氮素的规律是苗期吸收少，拔节到灌浆后期吸收多，尤其拔节至抽雄期吸收最多，所以强调拔节至抽雄期追肥。

缺氮会使玉米植株生长瘦弱，叶色黄绿，下部叶片从叶尖开始变黄，沿中脉伸展扩大，最后整叶变黄干枯。

54 玉米吸收磷素较少，缺磷会对玉米产生哪些不良影响？

磷参与玉米一生的重要生理活动，如能量转换、光合作用、糖分和淀粉的分解、养分转运及性状遗传。土壤缺磷、低温渍害、根系受损易造成根系吸收磷素受限，导致玉米缺磷，碳元素代谢受到破坏，糖分在叶中积累，形成花青素，出现叶片发红，甚至茎秆呈现紫红色。

苗期缺磷植株表现为生长缓慢、矮缩、根系发育差、叶片不舒展、茎秆细弱；叶尖和尖缘呈紫红色，其余部分呈绿色或灰绿色，叶缘卷曲。孕穗至开花期缺磷，会表现出果穗分化发育不良，穗顶缢缩，甚至空穗，花丝也会延迟抽出，容易出现秃顶、缺粒与粒行不整齐、果穗弯曲等现象（图3-22）。

图 3-22　苗期缺磷

55 钾素对玉米有哪些作用？

钾素是玉米生育所需的重要元素，它可以促进碳水化合物的合成和运转，提高植株抗倒伏能力，使雌穗发育良好。

如果缺钾，玉米苗会生长缓慢，叶片发黄，籽粒秕瘦，茎秆细弱，容易倒伏。

56 如何给玉米施肥才能做到科学合理、增产增收？

（1）根据玉米产量的水平，考虑土壤供肥能力确定合理的施肥总量。

（2）玉米在不同生育时期需肥量不同。玉米苗期是养分临界期，尽管需求量不高，但非常敏感，一旦缺肥，中后期难以弥补；拔节至开花期是效率期，作物快速生长，需肥量大，但拔节期施肥易造成3～4节节间伸长，容易引起倒伏，同时造成结实能力差，秃尖严重。因此，要抓好穗期追肥，在大喇叭口期要重施肥，亩施20～30千克尿素。

（3）为了减少损失，肥料应深施。磷肥移动性差，应集中施用。

（4）选择适宜的单质肥料或配施合理的复（混）合肥，注意补充锌等微量元素肥料。

（5）注意施肥与灌溉（或降雨天气）有机结合。

 贴茬直播玉米如何施肥？

贴茬免耕播种时，选择种、肥分离的播种机，在播种的同时，每亩施用30～40千克复合肥做种肥，种、肥横向间隔10厘米（图3-23）。

图3-23　种、肥间隔10厘米

在玉米大喇叭口期追施总氮量的50%，深施促穗大粒多；花粒肥，在籽粒灌浆期追施总氮量的20%；也可选用含硫玉米缓控释专用肥，在苗期一次性施入。亩产600千克的地块，每亩需施纯氮12～15千克，磷（P_2O_5）4～5千克，钾（K_2O）4～5千克，折合尿素25～33千克，过磷酸钙33～42千克，氯化钾6.7～8.3千克。

58 为什么玉米一次性施肥不能解决全生育期不脱肥的问题？

玉米苗期生长慢，主要是扎根和长叶，需要的养分量少。拔节至抽穗期是营养生长和生殖生长同步生长阶段，需要的养分量最多，大约50%的氮素会在此阶段吸收，如果养分供应不上会影响果穗大小。如果在播种期一次施入非缓释肥，由于施入的肥料中的氮素释放速度与玉米需肥规律不同步，会造成玉米生长后期养分供应不上，发生玉米叶色浅、下部叶片早衰枯死等脱肥现象。

玉米在生长的中后期要根据长势及时追施碳酸氢铵或尿素等氮肥。由于氮肥施入土壤后，产生的铵离子容易以氨气的形式挥发，这样一方面造成氮肥损失，另一方面如果氨气浓度过高，玉米会出现叶肉组织坏死，叶脉间出现褐色斑点的氨气毒害现象，影响产量，因此氮肥应尽量深施，深度以10厘米左右为宜。

59 如何施用缓控释肥？

施用缓控释肥可以减少后期的人工投入，满足全生育期的养分供应，可提高肥料利用效率，因此受到越来越多农户的欢迎。但如果施用不当，则不能发挥其应有的作用，施用时注意以下几点。

（1）选择正规缓控释肥。缓控释肥的销售价格大幅高于普通的复合肥，为保障缓释效果，应选择主流品牌的缓控释肥，农户需到信誉好的农资店采购，并注意索要发票。在选购过程中，注意查看肥料是否为双层包装，再看袋内肥料颗粒是否一致，无大硬块，粉末较少。

（2）施用时注意事项。

①高氮长效缓控释肥，利用率高，氮素溶化速度快，比较容易烧种，在施用时，一定要种、肥间隔大于10厘米。

②长效缓控释肥的施肥量一定要结合当地种植模式、施肥方式和基础地力确定。一般施用氮含量在26%以上、磷含量在8%～10%、钾含量在

10% ～ 12% 的肥料为宜，如果氮含量过低，作物生长后期易脱肥。

③明确当地的土壤条件，盐碱地和旱地上要谨慎施用长效缓释肥，因为很容易造成烧苗。沙土地由于保水保肥性差，漏肥严重，不建议使用长效缓释肥。如果用了长效缓释肥，后期很容易脱肥，造成减产。

 玉米秸秆还田时应掌握哪些技术?

（1）**增施氮肥和腐熟剂**。秸秆粉碎还田后，作物与微生物存在争氮现象，在旋耕或深翻前，除按常规施肥外，一般还需每100千克秸秆增施1千克氮肥，有条件的话，每亩再加施2 ～ 3千克腐熟剂，以加快秸秆腐烂。另外，补施的氮肥被微生物利用后仍保存在土壤里，可以避免后茬作物苗期缺氮发黄。

（2）**尽早耕翻或深旋耕埋茬、足墒还田**。秸秆粉碎后被均匀地抛撒在地表，此时玉米秸秆水分含量较多，要尽早足墒耕翻或深旋耕还田，有利于秸秆腐熟分解，从而保证后茬作物种子发芽出苗。翻埋深度一般要求在15厘米以上。

第四章

生长异常诊断

 玉米在苗期死苗的原因和预防措施是什么?

（1）死苗原因。

①药害。种衣剂、杀虫剂、除草剂的选择种类不当和用量过大都会造成药害。常见的玉米药害症状是叶片上有白斑或褐斑等，幼芽及根卷曲或变粗，植株生长受限，甚至死苗。

②肥害。播种时，氮、钾等肥料离种子太近，抑制种子萌发，或造成玉米出苗后枯死，残存苗矮化，叶片变黄干枯。

③渍涝胁迫。玉米苗期适当抗旱锻炼可促进根系下扎，提高抗逆性，但是持续干旱天气易造成幼苗枯死。玉米苗期干旱，幼株的上部叶片打卷，颜色发暗，叶片边缘或叶尖变黄，下部叶片或叶缘干枯致死。土壤含水量过高会造成根系无氧呼吸，造成死根，也容易造成死苗（图4-1至图4-3）。

图4-1　渍涝胁迫

图4-2　拔节期淹水

图 4-3 拔节期淹水之后死苗

④虫害。玉米苗期遭遇地老虎、蛴螬、二点委夜蛾、旋心虫等害虫危害，地下部（尤其是地上地下结合部）被害虫咬断，植株地上部迅速枯死。

（2）预防措施。

①科学用药。使用杀虫剂和除草剂时，根据专业技术人员的建议，科学选择药剂，合理掌握用量，避免用药浓度过高；避免除草剂向玉米心叶喷施，而杀虫剂重点喷施害虫蛀食的心叶部位。

②侧向深施肥。采用配方施肥技术，适时适量施用，不宜过量。无论种肥还是追肥均要保持合理的种子与肥料的间距在10厘米以上，避免烧种烧苗。

③水分管理。在干旱或发生药害后，要及时浇水，加强管理。避免干旱胁迫，也要避免苗期渍涝灾害。

④苗期虫害防治。选择经种衣剂包衣的种子，或对种子进行再次包衣，在玉米出苗期，根据虫害发生情况及时进行喷雾防治。

 玉米出现"白化苗"是什么原因引起的？

玉米一般从4叶期开始，新叶基部的叶色变浅，呈黄白色；5～6叶期，心叶下1～3叶出现淡黄色和淡绿色相间的条纹，但叶脉仍为绿色，基部出现紫色条纹；经10～15天，紫色逐渐变成黄白色，叶肉变瘦，呈"白苗"，严重时大量植株呈白化苗。"白化苗"是由于缺锌，缺锌的玉米植株矮小、节间短、叶枕重叠、心叶生长迟缓，看上去平顶，严重者"白色"叶片逐渐干枯，甚至整株死亡，该类心叶基部的"白化"多是由于土壤中缺锌引起的。另外，在玉米苗期使用过量除草剂产生的药害，也容易造成心叶的顶部及中部连片的"白化"（图4-4）。

图4-4　叶片条状失绿

预防措施有以下4点：一是用锌肥作种肥，每亩用硫酸锌1.5～2千克，与15～20千克细土混合均匀，在玉米播种时，撒在种子旁边。二是锌肥拌种，1千克硫酸锌拌25千克玉米种子，方法是用2～3千克温水溶解1千克锌肥，待全部溶解后，将锌肥溶液均匀喷洒到玉米种子上，使种子表面沾上锌肥，阴干后播种。三是叶面喷施锌肥，出现缺锌苗，每亩用0.2～0.3千克的硫酸锌加水100千克进行喷雾，每隔7天喷1次，一般喷2～3次即可使苗恢复正常。四是科学使用苗后除草剂，根据苗后除草剂的适用时期和适用量喷施，避免除草剂向心叶内聚集。

63　玉米发生红苗的原因是什么？

玉米发生红苗现象的主要原因是缺磷。一方面是土壤中有效磷含量低，磷供应不足；另一方面是玉米苗期遇到低温、渍害等状况，根系发育不良，降低了吸收磷的能力，同时低温会导致土壤中磷的有效性降低，即使土壤含磷量较高，也会发生玉米红苗现象。

　　预防玉米红苗现象的有效措施是磷肥作种肥，每亩磷肥（P_2O_5）用量1～2千克（磷酸二铵2～4千克）。如果在田间已经出现了红苗，可在叶面喷施300倍液的磷酸二氢钾2～3次，每隔3天喷1次；春季中耕松土可提高土壤的表层温度，提高根系活性，增加磷肥的吸收（图4-5）。

图4-5　叶片茎秆红色

64　玉米分蘗多的原因是什么？

　　分蘗多从第三四叶腋内长出，形成侧株，不能成穗。出现多分蘗的原因有以下3点：一是甜玉米、青贮玉米品种较饲用玉米品种更多见分蘗现象；二是苗期低温、干旱，以及玉米粗缩病、霜霉病、疯顶病和丝黑穗等病害造成主茎生长受阻，易诱发分蘗的萌发；三是由于种植密度小、基础地力肥沃，植株生长旺盛常萌发1～2个分蘗（图4-6）。

图 4-6　玉米分蘗

65 **玉米叶片发黄的原因及预防措施有哪些?**

不恰当的田间管理技术和严重的病虫害均会造成玉米叶片发黄。

（1）玉米叶片发黄的主要原因有以下几点。

①播种太深。玉米种子的播种深度对出苗有着很大的影响,播种太浅不易出苗;播种太深胚乳营养在顶土过程中会过度消耗,容易造成苗期营养不良,

出现苗弱、苗黄的情况。

②**播种过密**。玉米播种过密会导致幼苗生长过于拥挤，互相争夺养分、水分，易出现养分不足的情况，严重时还会导致幼苗长出黄苗、弱苗。

③**病虫害**。玉米出现苗枯病、棉铃虫、金针虫、蚜虫、黏虫、蓟马、地老虎、耕葵粉蚧等病虫害时，会导致玉米叶片发黄，其中耕葵粉蚧以若虫和雌成虫集中在玉米幼苗近地表的茎基部、根部和叶鞘内，吸收汁液，致使受害玉米的叶鞘先发黄干枯。

④**缺素**。玉米遭受渍涝胁迫后，导致根系受伤，营养元素的吸收受限，从而出现缺素症状，往往造成黄叶现象。另外，玉米缺锌时也极易产生白化苗，表现为叶面黄化（图4-7、图4-8）。

图 4-7　苗期渍涝胁迫造成营养吸收受阻

图 4-8　后期脱肥

⑤**药害**。玉米的3～5叶期是化学除草的关键时期，生产中常因天气原因耽误施用化肥，造成化学除草与苗期虫害防治的间隔期不够，甚至有除草剂与杀虫剂混用混喷现象。杀虫剂中含有的增效剂，增加了植株对药剂（含除草剂）的吸收，造成了药害的发生；3～5叶期是最佳喷药时期，之后玉米的耐药性减弱，田间杂草抗药性增强，种植户常通过增加用药量来提高除草效果，如果不注意定向喷雾，除草剂没避开叶片喷施，就会导致药害发生（图4-9）。

图4-9 药害造成心叶失绿

（2）玉米叶片发黄的预防措施有以下几点。

①玉米种子的播种深度以3～5厘米为宜，如果生长中出现弱苗情况，可以追肥或喷施叶面肥缓解。

②当前基本普及玉米精量单粒播种，但也不可避免小范围的一穴多粒情况，玉米出苗后，在3～4叶期时进行间苗，在5叶期时进行定苗，要防止幼苗互相争肥、争水、争光，形成弱苗和黄苗。

③对于因病害导致的玉米叶片发黄，可以根据具体情况选择农药进行防治，其中玉米苗枯病可用70%甲基硫菌灵800倍液喷施防治，连喷2次，间隔7天喷1次。另外，除草剂和农药的过度使用也有可能会造成药害，造成玉米叶片发黄干枯，所以用药一定要科学适量。

④玉米出现渍涝胁迫时，加强田间排水降渍，适当追肥，保障根系活力。玉米是喜锌肥的作物，所以在苗期容易缺锌，可以选择含有锌元素的肥料作底肥或者在后期作追肥施用。另外，玉米是喜氮的农作物，所以氮肥的供应也要充足，及时追施尿素促进玉米的正常生长。

66 玉米植株空秆的原因是什么？

（1）玉米植株出现空秆的原因。①品种不适应当地生态条件；②不耐密品种种植密度偏大；③施肥量不足、病虫草危害造成营养不良；④在孕穗期缺水或严重受涝；⑤抽雄授粉期前后，高温干旱，连续阴雨，导致不能正常授粉；⑥化控剂在大喇叭口期使用过量或喷施不匀。

（2）避免空秆的措施。①选用良种，合理密植；②提高播种质量和群体整齐度，科学水肥调控，及时防治病虫草害；③遇不良条件时，人工辅助授粉。

67　一株玉米上形成多个果穗的原因是什么？

玉米除了上部4～6茎节外，每个节上都生长有腋芽。一般只有上部茎节上的1～2个腋芽可以分化成果穗，但在外部环境条件变化后，会激发3～5个腋芽分化发育，形成一株多穗现象。该现象多见于青贮玉米品种和甜玉米品种，普通玉米品种较少出现，糯玉米也较少出现。导致多穗的环境因素如下。

（1）花期不协调。高温干旱、药害等逆境胁迫，导致散粉吐丝期不一致或花丝花粉活力差，导致第一个果穗不能正常发育成穗，多余的营养则供给其他果穗发育，从而形成多穗现象。多见于单独种植在农家庭院或者田边地头的单株玉米，因为周围同期散粉的玉米植株较少或没有同期散粉的玉米，顶部果穗不能正常授粉结实，多余营养供应下部果穗的发育。

（2）肥水过多。玉米在雌穗分化阶段若肥水过多，玉米植株无法消耗过多的养分，则激发茎节上的多个腋芽萌动发育，形成多穗。综合品种特性、种植密度、肥水供应情况等因素，可分化出3个果穗，最终形成1～2个有产量的穗子。

（3）逆境胁迫或药害。在玉米穗分化阶段受高温干旱、药害等逆境因素的胁迫，主穗的正常发育受阻，穗柄的叶腋或主茎上的叶腋内将萌发新生的雌穗，从而形成多穗现象（图4-10）。

图 4-10　玉米多穗

68 玉米雄穗结实是什么现象？

该现象为"返祖"现象，多见于植株分蘖的顶端。玉米的雄花序和雌花序既可发育为雌穗，也可发育成雄穗。由于受到环境因素的刺激，影响了玉米穗的分化过程，植株顶部的雄花花序在分化发育过程中，雄花退化，雌花得到发育，最终在顶部发育成雌穗而结实（图4-11）。

图 4-11　雄穗结实

69 玉米的"满天星""秃尖"和"牛角穗"果穗是怎么形成的？

玉米在散粉吐丝期受到干旱、高温胁迫时，花丝和花粉活力降低，大量花粉干瘪失活，只有部分花丝可完成正常的授粉受精过程，最终果穗上零星形成籽粒，便成为"满天星"果穗（图4-12）。

"秃尖"是由于雄花抽出过早，雌花顶部花丝吐丝较晚，不能正常授粉，便形成中下部有籽、顶部无籽的"秃尖"。另外，在土壤缺磷或施磷太少、种植密度过大、灌浆期出现连阴雨、氮肥不足时，玉米正常的光合作用或光合产物的转移受限也容易引起"秃尖"（图4-13）。

图4-12　满天星果穗

图4-13　果穗秃尖

　　玉米在散粉吐丝期遇到连续降雨或出现花期不遇的情况，导致花丝吐出较长时间未能及时授粉，上部花丝将下部花丝遮盖，使下部花丝不能正常授粉，这就形成了半个穗子有籽，半个穗子无籽的"牛角穗"（图4-14）。

图4-14　牛角穗

第五章

病虫草害防治

70 玉米的主要病害有哪些？

玉米的主要病害有小斑病、南方锈病、弯胞菌叶斑病、纹枯病、茎腐病、瘤黑粉病、褐斑病、大斑病、灰斑病、鞘腐病和穗腐病等。玉米需在审定环节进行田间病害鉴定和人工接种鉴定，江苏省品种审定标准要求鲜食玉米的瘤黑粉病、丝黑穗病、矮花叶病、小斑病、南方锈病、纹枯病田间自然发病等级不能达到高感，否则不予审定推广（图5-1至图5-3）。

图5-1　南方锈病

图5-2　纹枯病

图5-3　穗腐病

如何防治玉米茎腐病？

　　茎腐病是玉米主要的土传病害，根据侵染菌的不同，分为真菌性茎腐病和细菌性茎腐病。真菌性茎腐病是受腐霉菌、镰刀菌等病菌侵染引起的病害，病原菌自根系侵入，在植株体内蔓延扩展，在玉米灌浆期开始发病，乳熟后期至蜡熟期是发病高峰期。从始见茎腐病的病叶到全株枯萎，一般需5～7天，发病快的仅需1～3天。玉米在乳熟后期常突然成片萎蔫死亡，因枯死植株呈青绿色，故又称青枯病（图5-4）。

　　细菌性茎腐病主要发生在玉米的拔节至喇叭口期，玉米茎秆生长迅速、植株抗病虫能力弱，该时期喇叭口形状的叶片和紧包的叶鞘易积存水分，遇虫咬、机械摩擦伤口时，常引发玉米细菌性茎腐病（图5-5）。叶梢上出现水渍状腐烂，病组织开始软化，散发出臭味。叶鞘上病斑呈不规则形，边缘呈浅红褐色，病健组织交界处呈水渍状。当湿度大时，病斑向上下迅速扩展，严重时，发病后3～4天导致病部以上倒折，溢出腐臭菌液。

图5-4　青枯病

图5-5　细菌性茎腐病

防治措施有以下几种。

　　（1）选抗性品种。玉米品种间的抗茎腐病特性差异显著，在常发茎腐病区域选择茎腐病抗性强的品种，可降低发生风险。

（2）**农业措施**。江苏省6月中旬至7月上旬，春玉米进入乳熟期，是籽粒内含物充实的重要阶段，决定千粒重的大小，田间积水易造成真菌性茎腐病大发生，从而导致玉米急速死亡最终造成玉米减产。梅雨过后，夏玉米进入快速生长的喇叭口期，出现细菌性茎腐病的风险增大。雨后要及时清沟排水，防止渍涝胁迫；加强田间管理，避免偏施氮肥；注意防治玉米螟、棉铃虫、蓟马蚜虫等害虫，以减少伤口，降低发病风险。

（3）**减少菌源**。在玉米收获后，及时清除田间植株病残体；在发病严重地区，应避免秸秆还田，适当轮作换茬。当田间出现细菌性茎腐病时，需使用农用链霉素、菌毒清等药剂进行防治。

（4）**种子包衣**。当田间真菌性茎腐病发生时，没有较有效的药剂防治和挽救措施，可采用咯菌腈种衣剂降低发病率。

 如何防治瘤黑粉病？

瘤黑粉病可以发生在玉米的各个阶段，并且玉米地上部幼嫩组织和器官均可发病，被侵染部位会产生形状各异、大小不一的瘤状物。病瘤初呈银白色、有光泽，内部白色，肉质多汁，并迅速膨大，外露，表面变暗，略带淡紫红色，内部则变灰至黑色，失水后外膜破裂，散出大量黑粉冬孢子。果穗发病可部分或全部变成较大瘤体，叶上发病则形成密集成串的小瘤。同一植株上可多处生瘤，也可在同一位置上有数个病瘤聚集在一起。瘤黑粉病是一种世界性的玉米病害，在我国各地发生普遍，且春播区较夏播区更为严重。2000年，全国玉米瘤黑粉病发病面积有2700万亩，导致减产10%～30%，绝收45万亩。鲜食玉米发生瘤黑粉病将严重影响产品的外观品质，无法正常上市销售。

防治措施有以下几种。

（1）**选用抗病品种**。

（2）**种子处理**。用烯唑醇、三唑酮对种子进行拌种，可防止种子带菌；也可用施保克与多菌灵按1∶1混合后拌种；还可用适乐时或根保种衣剂包衣处理种子。

（3）**加强管理**。玉米与水稻、蔬菜、豆类等轮作可降低田间病菌基数，在玉米收获后，及时清除病残体，生长季尽早拔除病株并带出田外处理；使用腐熟的有机粪肥。加强水分管理，避免出现严重的干湿交替，诱发机械损伤导致瘤黑粉病发生。

（4）**喷药防治**。发病初期使用烯唑醇或三唑酮对植株喷药，如病情较重，15天左右后再防治一次。加强对蓟马等害虫防治，避免虫害伤口造成瘤黑粉病发生。

（5）**轮作倒茬**。在玉米瘤黑粉病的高发区域，与其他作物轮作，可有效预防瘤黑粉病的发生（图5-6）。

图 5-6 瘤黑粉病

73 如何防治玉米褐斑病？

褐斑病在整个玉米生长期间均可发病，一般从6叶期开始到抽穗期为显症高峰期。病斑主要发生在果穗以下的叶鞘和叶片上，以叶鞘和叶片连接处发生最多，常密集成行，严重时也侵害茎节和苞叶。病斑最初为白色，再到黄色小斑，渐变成褐色或紫褐色至黑褐色，呈圆形或椭圆形，小病斑常汇集在一起合成不规则大斑，病斑附近的叶组织常呈红色、黄褐色或红褐色小斑点，严重时在叶片上出现几段甚至全部布满病斑。严重地块的病株率可达100%，病株叶片干枯，甚至出现整株死亡（图5-7）。

图 5-7　褐斑病

防治措施有以下 4 点。

（1）**选择抗性品种**。具有黄早四血缘的杂交种易感褐斑病，在褐斑病高发区避免选择该类品种。

（2）**合理施肥**。施足底肥，注意氮、磷、钾肥的搭配，防止偏施氮肥，增强植株抗病性。

（3）**排水降湿**。加强田块排水，降低土壤湿度，避免高温高湿发病条件的出现。

（4）**药剂防治**。在发病初期喷施三唑酮、多菌灵，在药液中配施磷酸二氢钾，提高玉米抗病能力。

74 如何防治玉米锈病?

常见玉米锈病有南方锈病和普通锈病两种。玉米得了锈病后是否可以挽救？这主要由发病时期和发病程度决定。如果锈病发生早，在发病初期，叶片上刚有零星病斑时，可使用杀菌剂喷药控制。可选用的药剂有三唑酮、速保利、多菌灵、特富灵、氟硅唑等。如果锈病已达到重发程度，进入锈病发生的后期，防治的效果将不理想，且进入生育期后期时，因植株高大，就无法进行人工田间施药，主要依靠无人机喷药。

影响江苏玉米生产的主要锈病为南方锈病，该病害的病原菌来自立秋前后的台风或气旋带入的外源孢子。可结合品种的抗病性和立秋前后的台风过境情况来确定是否提前防治。合理施肥，避免偏施氮肥；增施钾肥可提高玉米植株的抗病性（图5-8）。

图 5-8　南方锈病

⑦⑤　如何防治玉米粗缩病？

　　2010年前后，因灰飞虱的大规模繁殖、迁飞和高带毒率，造成了玉米粗缩病的大发生（图5-9）。玉米发生粗缩病后，无有效药剂缓解症状，主要是通过调整播期预防玉米的苗期与灰飞虱的迁飞高峰期相遇；还可以在玉米苗期出现高灰飞虱虫口密度时，用吡虫啉或吡蚜酮防治灰飞虱危害，间接预防粗缩病的发生。近年来，经过植保部门的统防统治，灰飞虱虫口数量和带毒率均大幅下降，并未对玉米造成灾害。

图 5-9　玉米粗缩病

76 玉米的主要地下害虫有哪些？

　　地下害虫主要危害玉米的地下及近地面部分，包括刚播种的玉米种子、幼根、嫩茎等，尤其是在播种期及苗期危害最为严重。我国地下害虫主要有蝼蛄、蛴螬、地老虎、二点委夜蛾和金针虫，它们的危害特点各不相同。

　　（1）蝼蛄危害后，被害部位呈现乱麻状（图5-10）。

图5-10　蝼蛄危害

　　（2）蛴螬危害后，被害部位被咬成孔洞，断口整齐。

　　（3）地老虎危害主要是从幼苗茎基部咬断折倒（图5-11）。

图5-11　地老虎危害

（4）二点委夜蛾幼虫在玉米幼苗3～5叶期咬食玉米茎基部，形成3～4毫米圆形或椭圆形孔洞，导致营养输送被切断，造成地上部玉米倾斜、倾倒或枯死（图5-12）。

图 5-12　二点委夜蛾危害

77　如何防治玉米地下害虫？

（1）**耕作灭虫**。秋末进行深耕细耙，结合冬灌和春灌，可有效地杀死部分害虫。

（2）**毒饵诱杀**。将麦麸、豆饼等饵料炒香拌上敌百虫等杀虫剂，在傍晚撒在幼苗根际附近，诱杀蝼蛄；用糖醋液加敌百虫诱杀地老虎。

（3）**毒土杀虫**。播种时用辛硫磷等药剂拌毒土盖种或沟施，也可用毒死蜱或丁硫克百威颗粒剂配制毒土，于傍晚撒施在玉米行间。

（4）**药剂包衣**。用含丁硫克百威、辛硫磷或吡虫啉的种衣剂进行种子包衣。

（5）**人工抓虫**。高龄幼虫防治难度大，效果差，每天早晚可人工扒开被害苗周围的土抓虫，能有效防治地老虎危害。

如何防治食叶害虫？

玉米的食叶害虫主要有玉米螟、棉铃虫、黏虫、草地贪夜蛾、甜菜叶蛾、斜纹夜蛾、双斑萤叶甲、蜗牛等。对于玉米螟、棉铃虫、甜菜叶蛾、草地贪夜蛾等鳞翅目害虫，防治的最佳时期在2～3龄前，特别是在心叶中聚集危害时，进行防治效果较好（图5-13）。

图5-13　食叶害虫

防治措施有以下4点。

（1）使用溴氰虫酰胺、氯虫苯甲酰胺等种衣剂对种子包衣可防治苗期食叶害虫。

（2）由于食叶害虫多有藏匿心叶、危害心叶的习性，喷药过程中选择甲维盐、高效氯氰菊酯、乙基多杀菌素、苏云金杆菌等药剂，针对心叶喷药防治。

（3）双斑萤叶甲的防治。首先，用种子包衣，消灭土壤中危害玉米根系的幼虫；其次，清除田间地头杂草，减少虫口基数；再次，用吡虫啉喷雾防治成虫。喷药要选在早晨或傍晚，重点喷受害叶片周围。

（4）蜗牛的防治。一般使用四聚乙醛拌毒饵或四聚乙醛颗粒，撒在危害田块的玉米植株基部，降低蜗牛危害的高峰数量。田间地头和沟边的杂草是蜗牛完美的避难所，通过清洁田园，可有效地减少虫口基数（图5-14）。

图 5-14　蜗牛

79　如何防治蚜虫？

　　蚜虫又称腻虫、蜜虫，是一类植食性昆虫。蚜虫可以在玉米的全生育期造成危害，会造成玉米减产甚至空秆，严重影响玉米生长。蚜虫通过随风飘荡的形式可以进行远程迁移，有翅蚜虫可近距离迁飞；蚜虫的繁殖力很强，一年能繁殖10～30个世代，世代重叠现象突出。雌性蚜虫一生下来就能够生育。而且蚜虫不需要雄性蚜虫就可以繁殖（即孤雌繁殖）（图5-15）。

图 5-15　蚜虫

防治措施有以下3点。

（1）**种子包衣**。使用吡虫啉、噻虫嗪等内吸性药剂拌种，在防治地下害虫的同时，还可防治苗期蚜虫。

（2）**药剂防治**。在玉米大喇叭口期，结合玉米螟的防治增加吡虫啉、吡蚜酮和啶虫脒等药剂，向心叶喷雾，可有效防治蚜虫危害。玉米蚜虫多集中在心叶内，在危害的同时分泌"蜜露"，可在叶面形成一层黑色霉状物，影响作物的光合作用和抽雄散粉，从而导致减产；此外，蚜虫还易传播玉米矮花叶病毒病，其危害更大。在玉米喇叭口期之前，天然的喇叭口形状利于汇聚药液，便于防治蚜虫，但是进入抽雄前后，心叶包裹雄花，不便于药剂接触到蚜虫，且植株高大难以喷药操作。因此，蚜虫的防治应早发现早防治，未达到防治标准的情况时，可针对虫害区域选择性的防治。

（3）**清洁田园**。蚜虫除危害玉米外，还能危害高粱、大麦、谷子、水稻、小麦等作物，同时还能危害狗尾草、马唐、雀稗、芦苇等杂草。因此，在做好田间蚜虫统防统治的同时，还应清理田边杂草，避免蚜虫的迁飞。

80 如何防治红蜘蛛？

玉米红蜘蛛又称玉米叶螨，主要危害玉米、花生、棉花、瓜类、向日葵、茄子、苦菜、狗尾草、马唐作物和杂草等，聚集植株叶背刺吸叶片汁液，被害处呈现密集失绿斑点或条斑，严重时整个叶片变白干枯（图5-16）。单株能够寄生几百到几千只红蜘蛛不等，严重时甚至达到上万只，会导致玉米植株大面积发生枯死，空穗率明显提高，严重影响籽粒产量和秸秆的青贮品质。

图5-16　红蜘蛛危害

防治措施有以下几点。

（1）**农业防治**。秋季深耕灭茬可破坏红蜘蛛的越冬环境，压低虫源基数。及时清理地边、田埂、沟渠杂草，减少红蜘蛛的栖息繁殖场地。田地施用足够的底肥，合理施肥，最好采取包衣种子。田地需进行精细整理，苗前适时使用化学试剂除草。

（2）**物理防治**。由于玉米红蜘蛛对蓝色、黄色具有趋向性，在红蜘蛛侵入农田的初期到盛发期，田间可挂置黄板或蓝板诱杀。

（3）**化学防治**。适时进行防治，选用扫螨净、螨克、螨危、三氯杀螨醇、螨死净等防治螨类的药物，兑水防治，可达到理想效果。注意做到及时、均匀喷洒药物，需交替使用不同药物，特别要针对叶背面喷洒。对于早播玉米，一般适宜在每年的6月中下旬喷洒药物；而晚播玉米则可适当延后，一般是在玉米植株下部叶片形成黄白色斑点时，立即进行防治。如果需要同时杀灭蚜虫等害虫，可混合使用杀螨剂和杀虫剂，确保药液充足，喷洒要全面。在干旱年份，红蜘蛛的发生最为严重，需注意防治。

（4）**生物防治**。

①选育抗虫品种，增加玉米本身抗性，是应对红蜘蛛虫害最直接有效的方法之一。

②天敌昆虫。人工饲养繁殖食螨瓢虫和草蛉虫等益虫，根据田间虫害情况释放适量的天敌昆虫，将红蜘蛛控制在经济被害允许水平之下。

③生物试剂。使用蒿篙素、苦参碱、葵碱、苦皮藤素等不会伤害天敌昆虫的环保型生物试剂。

81 玉米螟钻心危害雌穗如何防治？

玉米螟是危害玉米雌穗的主要虫害。此外，还有草地贪夜蛾和棉铃虫，穗部虫害的防治策略基本一致。玉米穗期植株高，喷药难度大，无人机的飞防效果差。可在大喇叭口期施用毒死蜱颗粒剂，对穗期玉米螟有一定防效；或在穗期玉米螟产卵初期，释放赤眼蜂防治；在玉米果穗顶部或花丝喷施甲维盐、苏云金杆菌、乙基多杀菌素等也可防治蛀穗害虫（图5-17）。

图 5-17　穗部虫害

82 释放赤眼蜂防治玉米螟的注意事项有哪些？

注意事项有以下 4 点。

（1）选择寄生力和适应性强的优良赤眼蜂种。

（2）监测玉米螟的化蛹和产卵高峰期，一般当玉米螟化蛹率达 20% 时，由此后推 10 天为第一次放蜂时期，再间隔 5 天为第二次放蜂时期。

（3）蜂卡挂在放蜂点玉米茎秆中部叶片的背面，卵粒朝外，傍晚时放蜂，可以减少新羽化的赤眼蜂遭受日晒的可能性；放蜂时间一般在出蜂前 1～2 天进行，可降低遭遇雨天放蜂的风险。

（4）赤眼蜂只能飞 10 米左右，放蜂点一般掌握在每亩 2～6 个点，每公顷放蜂 1 万～2 万只。放蜂要村与村联合、集中连片大面积放蜂，面积越大，防治效果越好；放蜂的年头越多，效果越好（图 5-18）。

图 5-18　释放赤眼蜂防治玉米螟

如何防治穗部金龟子?

金龟子是昆虫纲鞘翅目金龟子科昆虫的统称，成虫俗称栗子虫、黄虫，幼虫统称蛴螬，俗称土蚕、地蚕、地狗子，长3～4厘米，身呈白色，头呈黄棕色，口坚硬，身体常弯曲成马蹄状。金龟子的幼虫会危害玉米的根部，成虫会危害花丝和雌穗顶端的籽粒。防治金龟子的危害要以预防为先，综合治理，多种防治措施并用（图5-19）。

图5-19 金龟子（蛴螬）

（1）选用苞叶紧的抗虫品种。由于金龟子成虫多群聚集在玉米果穗顶端危害幼嫩籽粒，选用苞叶紧的抗虫品种使金龟子不易取食和群聚，可有效防止危害。

（2）糖醋液诱杀。6～7月是害虫发生盛期，将白酒、食醋、红糖、水、90%敌百虫晶体按1:3:6:10:1的比例在盆内拌匀，放置在腐烂的有机质较多的地方或玉米田边，架起与玉米穗大致相同的高度，诱杀金龟子。也可用40～50厘米长的竹筒或酒瓶等小口容器，在里面放腐熟的果实2～3个，加少量糖蜜，将竹筒、酒瓶等与植株紧贴相挂，诱集金龟子，在下午3～4时收集杀死。

（3）深翻灭虫。深秋或初冬翻耕土地，机械杀伤、风干或冻死其幼虫，一般可降低虫量15%～30%，明显减轻第二年的虫害。

（4）捕杀成虫。利用成虫的群聚危害特点，可用塑料袋套到穗上进行人工捕捉后将其杀死；或在田边使用黑光灯诱杀成虫。

（5）花生田轮作。由于金龟子幼虫主要在花生田繁殖危害，可通过花生田的轮作换茬，降低金龟子的虫源基数。

84 草地贪夜蛾在哪些地区越冬？

草地贪夜蛾是源自中美洲和南美洲，具有广泛杂食性、强迁飞能力、高繁殖能力，但不具有滞育能力的农业害虫。该虫在幼虫阶段会对作物造成危害，且其食量大，会对有重要经济价值的大田作物或部分经济作物造成严重危害（图5-20）。

图 5-20　草地贪夜蛾幼虫

参照草地贪夜蛾在北美洲的越冬区域，再参照印度和非洲的草地贪夜蛾发生的最北区域，我国同纬度以南（重庆以南）的广大区域可能是草地贪夜蛾的越冬区域，如果在这个区域有适合的寄主存在，草地贪夜蛾就可能会在我国越冬，并且在我国可越冬区域比美国可越冬区域大很多。在我国南部地区，草地贪夜蛾可周年繁殖，并且西南边境的虫源会持续不断地侵入我国，这在一定程度上加大了我国防控草地贪夜蛾的难度。

草地贪夜蛾会在我国哪些地区发生和造成危害？

草地贪夜蛾在北美洲北迁至北纬45°附近的加拿大南部，向西北可扩散至西经100°的落基山脉以东的蒙大拿州，由此推测草地贪夜蛾可在我国东部广大区域发生或造成危害，可北迁至北纬45°附近的哈尔滨以南，向西北可扩散至东经100°附近的成都、兰州以东。这些区域是我国主要粮食作物小麦、玉米、水稻和经济作物大豆、花生的主产区。

86　为什么要在草地贪夜蛾幼虫三龄以前防治？

由于草地贪夜蛾高龄幼虫躲藏在玉米心叶内部或排泄物下面，并且高龄幼虫耐药性增强，且具有暴食习性（六龄幼虫取食量占整个幼虫期取食量的80%），所以为了提高防效，保护作物，要抓住幼虫三龄前的关键时期进行防治。

87　防治草地贪夜蛾是否可以空中施药？

草地贪夜蛾的高龄幼虫破坏性强，常常会在玉米心叶内打洞，空中施药效果差。空中施药一方面存在药剂的飘移，另一方面会将农药施用在大片非靶标栖息地上，造成药剂的浪费和环境污染。

 麦收时节为什么要加强春玉米田的虫害防治？

具有迁飞习性的蚜虫、蓟马、灰飞虱等害虫在江苏一年能发生多代，其成虫、若虫在麦田及杂草中越冬，到春季气温适宜时开始繁殖。当麦类开始黄熟至收获，麦田不再适宜其生存时，便陆续迁飞到周边的春玉米田里，该时期的春玉米正处于拔节至大喇叭口期，害虫多群集于心叶内危害，之后相继转移至夏玉米或水稻上造成危害。麦收期间的高温少雨天气，有利于蚜虫、蓟马、灰飞虱这三种害虫的发生和危害，所以麦收时节应加强麦田附近春玉米的虫害防治。

结合玉米田中耕，及时清除田间地边杂草，可以破坏蚜虫、蓟马和灰飞虱的生活条件，减轻其危害。对害虫发生较重的田块，可选用吡虫啉、啶虫脒、噻虫嗪等对玉米叶片尤其是心叶进行喷雾防治。对已形成"牛尾状"的玉米苗，可用锥子从鞭状叶基部扎入，再从中间豁开，让心叶恢复正常生长。而对发生粗缩病的玉米苗难以补救，应及时拔除（图 5-21）。

图 5-21　苗期卷心

89 玉米田常见的杂草有哪些?

玉米在我国的种植面积广，常见的杂草种类繁多，防治不到位很容易造成草害。近年来，随着玉米种植面积的不断增加，机械化生产水平的不断提高，精耕细作和人工投入不断减少，导致玉米草害日益严重，主要的杂草有马唐、葎草、千金子、香附子、酸浆、狗尾草、刺儿菜、苣荬菜、铁苋菜、马齿苋、苘麻、稗草、牛筋草、反枝苋、田旋花、鸭跖草、空心莲子草、苍耳、问荆、小藜、独行菜、猪殃殃、打碗花、大蓟、小蓟、鳢肠、繁缕、车前草、画眉等（图5-22）。

图 5-22　苗期草害

 玉米田杂草的综合防治措施有哪些?

（1）合理轮作。对于禾本科杂草，特别是多年生禾本科恶性杂草，可与大豆、花生、油菜、棉花等阔叶作物轮作，在苗后用防治禾本科杂草除草剂，收获后用灭生性除草剂，将禾本科杂草有效控制后再种植玉米。

（2）结合整地清除杂草。未结籽的杂草可结合灭茬还田，清除影响；已结籽的杂草在成熟落地前，人工移除田间，防止后期萌发继续危害。

（3）播种后除草剂封闭。玉米播种后，在玉米和杂草还未出苗前，每亩用50%乙草胺+38%莠去津150毫升；或每亩用4%玉农乐150毫升；防治杂草的萌生。封闭时，不重喷、不漏喷，漏喷、重喷率应小于5%，喷头距离地面不应大于10厘米。

（4）玉米苗期杂草防除应在玉米苗3叶1心时，用莠去津、烟嘧磺隆、硝磺草酮等苗后除草剂对杂草进行茎叶处理。苗后除草应掌握合理时间，喷药过早，杂草未完全长出或杂草受药叶面积小，不能完全封闭杂草；喷药过晚，杂草的抗药性增强，玉米耐药性下降，不利于化学除草。

91 怎样选用除草剂?

（1）**根据用药时期选择除草剂。** 苗前封闭药常用的有莠去津、乙草胺、异丙草胺。由于田间秸秆覆盖量大、墒情不合适等原因，不能封闭或封闭效果差的田块，可选择苗后专用除草剂莠去津、烟嘧磺隆和硝磺草酮，在玉米的 3～5 叶期进行茎叶处理。为降低药害，可使用防护罩在叶片下部定向喷雾。

（2）**根据玉米品种类型选择除草剂。** 现有登记的除草剂主要用于普通玉米，甜玉米、糯玉米、爆裂玉米等特用玉米对除草剂敏感，如果不合理使用的话，容易产生药害，所以大规模使用前应提前进行小面积试验。

92 使用封闭型除草剂的注意事项有哪些?

乙草胺、精异丙草胺等封闭型除草剂适用于田间没有秸秆覆盖、墒情适宜时，在玉米播种后到出苗前喷施。在田间有杂草的情况下，可在封闭时兑入适量莠去津。

注意事项有以下 5 点。

（1）喷封闭型除草剂要在玉米出苗前喷施，喷施后中耕会破坏药效。

（2）建议兑足量水，使用喷雾器均匀喷雾，勿重喷或漏喷，避免大风天气喷雾。无人机喷除草剂飘移严重，用水量少，封闭效果差。

（3）喷药以上午 10 点前或下午 4 点后为宜，可有效避免药液挥发或破坏药膜。

（4）莠去津持效期长，对后茬敏感的小麦、大豆、水稻、蔬菜等有害，持效期达 2～3 个月，可通过减少用药量，与其他除草剂如烟嘧磺隆或硝磺草酮等混用解决。

（5）酰胺类除草剂在阴雨天、湿度大时用药易产生药害，需根据墒情确定用药量。

苗后茎叶处理使用除草剂的注意事项有哪些?

（1）注意除草剂的选择性和专一性，根据玉米田间的杂草种类，选择相应除草剂。

（2）注意苗后除草剂的使用时期，玉米的3～5叶期对莠去津等除草剂具有一定的解药性，该时期的杂草也生长至3～5叶期，杂草也具有一定的受药面积，所以该时期用药对玉米安全，化除效果较好；过早化除，杂草未完全长出或杂草叶片面积较小，受药面积小，防治效果差；过晚化除，玉米的耐药性降低，杂草的抗药性增强，需要增加用药量，化除效果差，玉米容易产生药害。

（3）根据除草剂的使用说明和杂草及玉米田的具体长势确定除草剂的具体用量，由于苗后除草剂只针对已萌发的杂草有效，对无草的区域无须喷雾。

（4）提高喷药技术。喷药时要注意豆类、棉花等敏感作物，并注意风向，避免除草剂飘移所产生的药害；采用倒走方式喷药，喷雾要均匀，不重喷、不漏喷。超过5叶期时，喷施除草剂必须使用防护罩，在无风天气喷叶片的下部，避免药剂喷至心叶。

（5）注意施药时的天气状况，避免在风雨天和炎热的中午施药。

（6）对化除敏感的鲜食玉米品种，可在化除过程中使用定向喷雾罩，并在玉米叶片的下部喷施，避免除草剂向心叶汇聚从而产生药害（图5-23）。

图5-23 苗期化除

94 玉米田为什么不能混用有机磷类杀虫剂和烟嘧磺隆除草剂？

烟嘧磺隆属苗后茎叶处理除草剂，是玉米田常用的除草剂之一，除草效果好，环境条件对药效影响小。在玉米体内，烟嘧磺隆会被迅速转变为无活性物质，所以对玉米是安全的。但是，玉米在吸收有机磷农药后，会使烟嘧磺隆在玉米体内的降解速度变慢，烟嘧磺隆就会干扰玉米的正常代谢，影响玉米生长，从而产生药害。因此，如果玉米的种衣剂中含有机磷杀虫剂或玉米田在喷洒有机磷农药后，不能再用烟嘧磺隆除草剂。有机磷农药喷雾使用的残效期一般在7天左右，如果作为拌种或土壤处理剂使用时残效期更长。所以在有机磷残效期内，禁用含烟嘧磺隆成分的除草剂。

95 鲜食玉米的绿色防控技术有哪些？

鲜食玉米绿色防控技术模式集种子处理、生态调控、理化诱控、科学用药等关键技术于一体，确保既能有效控制病虫草害，又能实现农药减量增效和玉米绿色安全生产的目标。

（1）**种子处理技术**。根据种苗期病虫害发生特点，选用适宜的种子处理药剂。对于草地贪夜蛾、甜菜夜蛾、蚜虫等害虫，选用含有噻虫嗪、吡虫啉、氯虫苯甲酰胺、溴氰虫酰胺等成分的种衣剂进行拌种或包衣。对于根腐病、纹枯病、茎腐病、瘤黑粉病等病害，选用含有咯菌腈·精甲霜、苯醚甲环唑、吡唑醚菌酯、戊唑醇等成分的种衣剂进行拌种或包衣。

（2）**生态调控技术**。

①深耕灭茬技术。采取秸秆粉碎还田、深耕土壤、播前灭茬，破坏病虫适生场所，压低病虫源基数。

②播期调整。调整玉米播期，避免玉米敏感生育期与灰飞虱一代成虫高峰期吻合，减少灰飞虱传毒，减轻玉米粗缩病的发生。

（3）**理化诱控技术**。

①灯诱技术。按照每20亩一台的标准设置太阳能杀虫灯，在害虫成虫羽

化期，诱杀金龟子等地下害虫及夜蛾类害虫。

②性诱技术。玉米苗期及害虫成虫盛发期，针对性地使用草地贪夜蛾、玉米螟、甜菜夜蛾、棉铃虫性诱剂诱杀成虫，每亩放置2～3个诱捕器，降低成虫基数。

③释放生物天敌。在玉米螟、棉铃虫等害虫产卵初期至卵盛期，每亩放赤眼蜂1.5万～2万只，设置8～10个释放点，分两次统一释放。将蜂卡套在玉米中上部叶片基部背面，注意防止阳光直射和雨水直接冲刷（图5-24）。

图5-24　理化诱控

（左图：性诱杀虫；右图：太阳能振频杀虫灯杀虫）

（4）科学用药技术。

①生物农药防治。在玉米螟卵孵化期，亩用8000IU[①]/毫克苏云金杆菌可湿性粉剂或8000IU/微升苏云金杆菌悬浮剂100～200克（毫升）加细沙或营养土灌心叶；也可亩用10亿PIB[②]/毫升甘蓝夜蛾核型多角体病毒悬浮剂100毫升，或300亿孢子/克球孢白僵菌可湿性粉剂120克，兑水50千克，均匀喷雾玉米整个植株，施药时尽量避免阳光直射，最好选在傍晚或阴天。

---

①　国际单位（IU）是专门表示抗生素效价和维生素活性的一种单位。一个"单位"或一个"国际单位"即"IU"可以有其相应的重量，但有时也较难确定。单位与重量的换算在不同的药物是各不相同的。1个国际单位的维生素A相当于0.3微克。

②　PIB是多角体（poyhedral inclusion body；PIB）的英文简写，该名词多用在生物、农药领域，表示棉铃虫多角体病毒。

②化学农药防治。a.玉米播种后至苗前，亩用960克/升的精异丙甲草胺乳油80毫升，兑水40千克，进行土壤封闭处理化学除草。b.玉米大喇叭口期，亩用5%氯虫苯甲酰胺超低容量液剂20毫升，或10%四氯虫酰胺悬浮剂40克，兑水喷雾。c.玉米抽雄吐丝期，根据玉米小斑病、锈病和玉米螟、蚜虫、棉铃虫、草地贪夜蛾等病虫害的发生情况，可混喷杀菌剂和杀虫剂。控制病害可亩用19%丙环·嘧菌酯悬乳剂70毫升，或30%肟菌·戊唑醇悬浮剂45毫升，或27%氟唑·福美双可湿性粉剂80克，或22%嘧菌·戊唑醇悬浮剂60毫升，或45%代森铵水剂100毫升；控制鳞翅目害虫选用5%氯虫苯甲酰胺超低容量液剂20毫升，或10%四氯虫酰胺悬浮剂40克，或50%除脲·高氯氟悬浮剂10毫升，兑水均匀喷雾。

第六章

农业机械化

96 玉米机械化播种与人工点播相比有什么优点？

随着农业生产方式的转变，我国玉米生产的机械化水平不断提高，其中以机械播种的推广应用最快，作业质量最高。相比传统的人工点播，机械化播种具有其特有的优势：一是作业效率高、减轻劳动强度，省种、省工，降低成本；二是作业质量好，行距、株距均匀，深浅一致，苗齐苗壮，群体质量高，产量水平高；三是机械播种是玉米新品种、新技术推广的好载体，科学技术通过机械转化成为了生产力。

97 玉米机械化播种作业应注意哪些问题？

（1）选机械。筛选当地可信的农机合作社和农机手提供机播作业，根据种植模式配置行距。

（2）种子精选与处理。到正规种子经销店购买适应当地的种子品种，采购到种子后应及时做发芽试验，在播前5～7天，晒种2～3天。对种子进行包衣处理，防治苗期的地下病虫害。

（3）适墒播种。土壤含水量以18%～20%为宜，含水量偏高容易造成拖堆或覆土不严，从而影响作业质量，含水量过低墒情差则影响出苗。

（4）控制播种作业速度和播种深度。墒情好的地块覆土厚度为4～5厘米，墒情差的覆土厚度为5～6厘米，化肥深度在种子侧下方5～6厘米。机械式播种机作业速度一般是每小时4～6千米，气吸式播种机一般是每小时8～10

千米。播后用镇压轮镇压，防止跑墒。

（5）**监测下种量**。半精量播种一般亩用量1.75～2千克，精量播种亩用量在1千克左右。经常观察和检查开沟器、覆土器、镇压器的工作情况和用种量，比如检查开沟器和覆土器是否缠草和壅土，开沟深度是否一致，种子覆盖是否良好等。观察播种是否定量、定位，有无空穴。观察化肥排量是否准确，排肥传动是否正常。如果发生故障，应立即停车排除。

图 6-1　玉米机械精播

 玉米机械化植保作业应注意哪些问题？

（1）**机械检修**。提前对动力机械、喷雾、药箱和喷头等进行检查，确保无跑漏现象，连接部位紧固，传动部位灵活，管道通畅，喷雾泵压力正常，各喷头喷雾量一致、雾化效果好。

（2）**控制作业速度**。速度一般应控制在每小时4千米左右，匀速前进。速度快了药量不足，慢了易引起药害。注意避免重喷和漏喷。

（3）**掌握喷药时间**。晴天高温时应避开上午11时至下午2时这段时间，以免高温蒸发，降低药效。

（4）**控制行驶方向与风向的角度**。先从下风头开始，风速大于3级时，应停止作业。

（5）**做好防护**。喷过药剂的地方要做好标记，以防人畜中毒。作业现场不准喝水、饮食、吸烟；人体裸露部分应避免与药剂直接接触。作业后，手、脚、脸、鼻、口等都应洗漱干净；鞋帽、手套、口罩、工作服等未经清洗，不可带入住宅内。

（6）**机械清洗**。作业结束后，应选择适当地点清洗机械，严防污染水源（图6-2）。

图 6-2　机械植保

（左图：高地隙打药机；右图：无人机打药）

第七章

采收与加工

 鲜食玉米的采收时期如何确定？

鲜食玉米的采收期是根据品种的籽粒灌浆情况而确定的，籽粒灌浆情况与品种特性、生长期间温度高低密切相关。江苏省春夏玉米的籽粒灌浆期与采收期处于高温季节，适宜的采收期一般在吐丝后18～25天；秋播玉米的采收期处于秋季凉爽季节，适宜的采收期一般在吐丝后22～28天。

江苏省鲜食玉米的种植周期较长，设施栽培用于玉米种植可实现周年供应，采收高峰主要集中在6月中旬至7月中旬，和9月底至10月底。

怎样延长甜玉米、糯玉米的保鲜储藏时间？

甜、糯玉米生产消费以采摘鲜穗上市为主，但采摘后的鲜穗品质下降较快，为尽可能地调节和延长鲜穗货架期（鲜穗采摘后保持最佳品质的时期），最大限度地保持原有营养成分和独特风味等自然特性，要想较远距离运输和短期的流通上市，必须对鲜穗采取降温和保鲜剂处理等措施，从而抑制果穗的呼吸。要想实现扩大甜糯玉米鲜穗的流通性、延长上市期，保障鲜食玉米周年供应市场的目的，就必须对鲜穗进行速冻加工，从而大批量地进行规模化生产，使农民的种植积极性得以提高，经济效益得以最大化。

（1）**速冻冷藏保鲜**。在鲜食玉米果穗采摘后，剥去苞叶，蒸煮12分钟左右，迅速用冷水冷却，沥净水分后，每个果穗单独装入聚乙烯袋内，

在 −40 ～ −30℃低温冷库内速冻48小时后，可在 −10℃的冷库内长期贮藏（图7-1）。

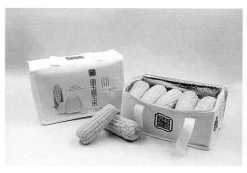

图 7-1　鲜食玉米速冻产品

（2）**冷藏保鲜**。将新鲜收获的果穗放于冰水中浸泡10分钟，在0℃条件下密封贮藏，保鲜期可达8 ～ 15天。控制冷库中氧气含量为2% ～ 4%，二氧化碳含量为10% ～ 20%，可延长贮藏期到3周。

（3）**辐射保鲜**。保留2 ～ 4片苞叶甜玉米鲜穗，用聚乙烯薄膜袋包装，每袋放5 ～ 10个，置于4 ～ 5℃的预冷室中；在20 ～ 30分钟后，甜玉米果穗温度降至15℃左右，然后用同位素钴60，5万拉德的辐射剂量照射；再放入1 ～ 2℃的冷藏室中冷藏。

参考文献

黄炳生，2003.利用甜糯双隐性或三隐性基因系选育甜糯玉米杂交种［J］.玉米科学，（增）：17-19.

纪从亮，薛林，等，2016.鲜食糯玉米优质高效栽培技术［M］.南京：江苏凤凰科学技术出版社.

李少昆，等，2011.南方地区甜、糯玉米田间种植手册［M］.北京：中国农业出版社.

李少昆，谢瑞芝，等，2010.玉米抗逆减灾栽培［M］.北京：金盾出版社.

栾春荣，苏彩霞，等，2020.鲜食玉米优质高效绿色生产技术［M］.南京：江苏凤凰科学技术出版社.

祁显涛，李燕敏，谢传晓，等，2017.玉米甜、糯性状育种的遗传学基础［J］.玉米科学，25（2）：1-5.

全国农业技术推广服务中心，2019.草地贪夜蛾检测与防控技术手册［M］.北京：中国农业出版社.

宋同明，1993.糯玉米与WX基因［J］.玉米科学，1（2）：1-2，25.

滕桂荣，1996.甜玉米类型及其系列产品加工［J］.黑龙江农业科学，（3）：45

汪黎明，孟昭东，齐世军，2020.中国玉米遗传育种［M］.上海：上海科学技术出版社.

王晓鸣，石洁，等，2010.玉米病虫害田间手册［M］.北京：中国农业科技出版社.

吴子恺，2002.甜糯玉米育种［G］∥21世纪作物科技与生产发展学术讨论会论文集.

吴子恺，2003.异隐纯合体杂交法与甜糯玉米育种［J］.玉米科学，11（3）：13-17，22.

徐丽，赵久然，等，2020.我国鲜食玉米种业现状及发展趋势［J］.中国种业，（10）：14-18.

于恒，张春良，等，2017.甜玉米与普通玉米胚乳淀粉体发育的差异［J］.扬州大学学报，38（1）：94-98，109.

中华人民共和国农业部，2009.玉米技术100问［M］.北京：中国农业出版社.

Laughnan J R, 1953. The Effect of the sh2 Factor on Carbohydrate Reserves in the Mature Endosperm of Maize［J］. Genetics, 38（5）：485.

Nelson O E, Rines H W, 1962. The Enzymatic Deficiency in the Waxy Mutant of Maize［J］. Biochemical and Biophysical Research Communications, 9（4）：297-300.